华为网络设备

项目实训教程

（视频教学版）

刘伟◎编著

清华大学出版社

北京

内 容 简 介

本书基于新版华为 HCIA 与 HCIP 认证体系，以企业真实项目为背景，系统讲解华为网络技术的核心知识与应用实践。全书共 18 章，内容涵盖华为 HCIA-Datacom 与 HCIP-Datacom 两大方向，包括 eNSP 基础环境部署、企业级路由与交换项目实战、网络安全配置案例、出口网络规划、智能化运维、WLAN 组网、高可靠性网络设计等 16 个领域的实战项目，最后以企业综合项目案例结束，形成完整教学闭环。

本书既可作为华为 ICT 学院的实验教学用书，帮助学生强化工程实践能力，也可作为高等院校计算机网络相关专业的实验指导教材，同时适合企业用作网络技术培训资料。对于从事网络架构、运维及管理工作的技术人员，本书也具备较高的参考价值。

图书在版编目（CIP）数据

华为网络设备项目实训教程 ：视频教学版 / 刘伟编著.

北京 ：清华大学出版社，2025. 8. -- ISBN 978-7-302-70062-3

Ⅰ. TP393

中国国家版本馆 CIP 数据核字第 20254ZM460 号

责任编辑：袁金敏
封面设计：黄秋蕊
责任校对：徐俊伟
责任印制：丛怀宇

出版发行：清华大学出版社

　　　　网　　　址：https://www.tup.com.cn，https://www.wqxuetang.com
　　　　地　　　址：北京清华大学学研大厦 A 座　　　　邮　　编：100084
　　　　社 总 机：010-83470000　　　　　　　　　　邮　　购：010-62786544
　　　　投稿与读者服务：010-62776969，c-service@tup.tsinghua.edu.cn
　　　　质量反馈：010-62772015，zhiliang@tup.tsinghua.edu.cn

印 装 者：三河市人民印务有限公司

经　　销：全国新华书店

开　　本：190mm×235mm　　　印　　张：15　　　字　　数：376 千字

版　　次：2025 年 9 月第 1 版　　　印　　次：2025 年 9 月第 1 次印刷

定　　价：69.80 元

产品编号：112002-01

前　言

华为作为全球领先的通信设备供应商，产品涉及路由、交换、安全、无线、存储、云计算等诸多方面，而华为推出的系列职业认证 HCIA、HCIP、HCIE 无疑是 IT 领域极为成功的职业认证之一。作者从事教育工作多年，曾在很多大学授课，也从事过人力资源工作，对学生的技能水平和企业的用人需求都很了解。作者发现，很多计算机网络专业的学生在大学毕业后的就业中有两点比较欠缺：一是对理论知识的把握程度，二是操作具体设备的能力。基于此，作者结合实践及教学经验编写了本书。本书主要以 HCIA、HCIP 职业认证为依托，从实际应用的角度出发，以企业项目为背景设计拓扑，详细介绍 HCIA、HCIP 的技术内容。

本书特色

（1）内容精炼，阅读性强。本书内容经过精心取舍，循序渐进，由浅入深；结构经过细致编排，体例完善，图文并茂。

（2）目标主导，实用性强。本书采用案例驱动方式，以企业实际需求为导向，主要培养读者的网络设计、网络配置、网络分析和排错能力。

（3）紧跟提纲，学以致用。本书在内容选取上涵盖了最新版 HCIA、HCIP 的大部分内容，对一些重点、难点进行了详细的概述和分析，既可以让读者顺利地通过认证，也可以让读者胜任企业的网络工程师工作。

（4）技能为主。本书在表现形式上，把握实用原则，通过详尽的项目案例去验证理论，让读者从实践中总结理论和提高动手能力。

（5）视频讲解，面对面教学。课程辅导是本书的最大特色，本书所有的知识点和实验都配备了视频，如果读者对本书中的内容不太理解，可以用手机扫码查看相关的视频。

主要内容

本书共 18 章，知识结构如下图所示。

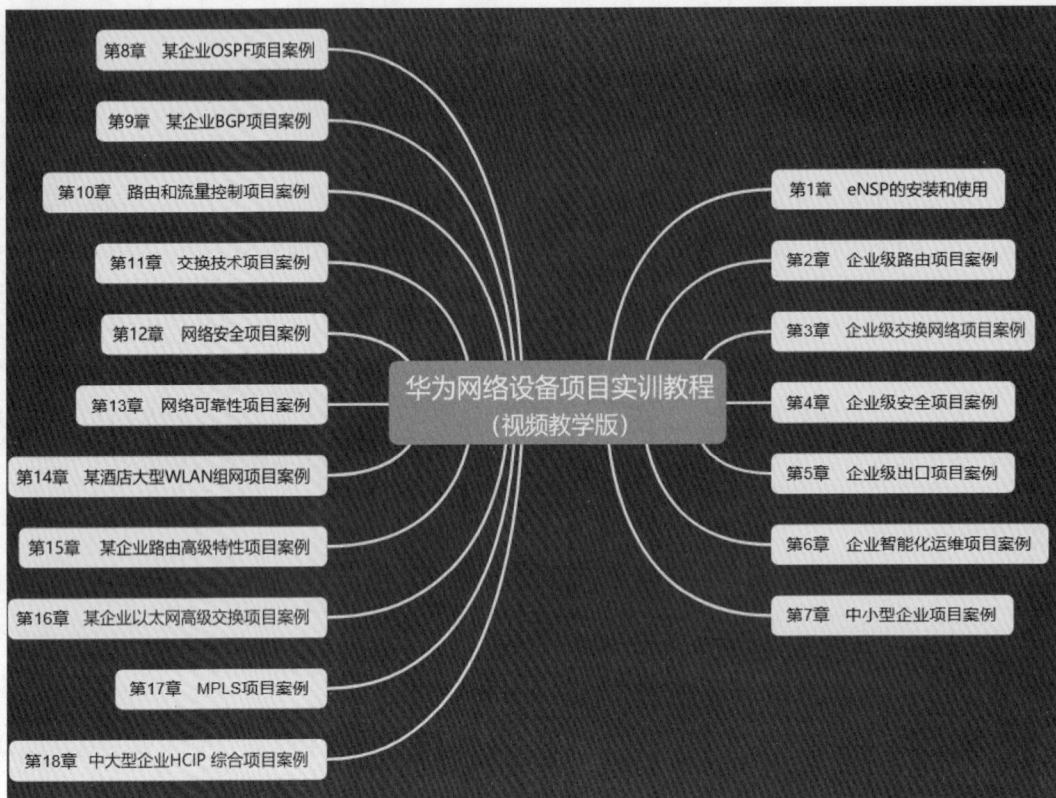

第8章 某企业OSPF项目案例
第9章 某企业BGP项目案例
第10章 路由和流量控制项目案例
第11章 交换技术项目案例
第12章 网络安全项目案例
第13章 网络可靠性项目案例
第14章 某酒店大型WLAN组网项目案例
第15章 某企业路由高级特性项目案例
第16章 某企业以太网高级交换项目案例
第17章 MPLS项目案例
第18章 中大型企业HCIP 综合项目案例

华为网络设备项目实训教程
（视频教学版）

第1章 eNSP的安装和使用
第2章 企业级路由项目案例
第3章 企业级交换网络项目案例
第4章 企业级安全项目案例
第5章 企业级出口项目案例
第6章 企业智能化运维项目案例
第7章 中小型企业项目案例

读者对象

本书既可以作为华为 ICT 学院的配套实验教材，也可以作为计算机网络相关专业的实验指导书，还可以作为相关企业的培训教材，同时可供从事网络管理和运维的技术人员参考。

作者寄语

"读书之法，在循序而渐进，熟读而精思。"建议读者在学习本书时参考以下学习方法。

1. 理论知识要先学会总结，再去理解和记忆

华为相关技术的知识点较多，有的读者学完以后去应聘相关的工作，面试官问的问题他虽然觉得都学过，但就是答不上来。所以，读者在学习过程中，一定要对所学知识点进行提炼和总结，在此基础上进行记忆，这样才能在面试时做到从容面对。

2. 多做实验，提高动手能力和排错能力

华为的职业认证比较注重学员的动手能力，但很多企业认为新员工的动手能力、分析和解决问题的能力不足，所以读者在平时的学习中要加强动手能力和排错能力。俗话说："熟读唐

诗三百首，不会作诗也会吟。"本书主要讲解项目案例实践，目的是希望读者通过实践提高动手能力和排错能力。

3. 多问为什么，每个知识点的问题都要及时解决

通常许多读者在刚开始学习一门技术时，很有激情，会全身心地投入。但是一旦遇到问题，他们觉得不好意思问同学和老师，等问题积累得越来越多后，会发现慢慢听不懂老师所讲的内容，也无法完成实验，最后对这门技术失去了信心。所以，读者一定要"勤学好问"，有问题马上解决，这样才能时刻保持对技术追求的激情，才能把一门技术学好、学透。

4. 不理解的内容多看几遍，反复学，肯定可以学会

很多读者由于之前没有接触过这门技术，因此刚开始学习时会感觉难度比较大。但是，只要读者坚持，多看多学，肯定可以学会。读者如果有疑问，可以扫描二维码看视频讲解，本书所有理论和实验都配备了视频讲解，只要努力，就可以把华为的技术学好。

在线服务

本书提供配套教学视频。读者请使用手机微信扫描以下二维码进行学习。

若您在学习本书的过程中发现疑问或错漏之处，欢迎及时与我们反馈沟通。您可扫描下方技术服务二维码与我们取得联系，感谢您的支持与监督。

本书视频二维码　　　　　　　　　　　　技术服务二维码

本书作者

本书由长沙卓应教育咨询有限公司刘伟编写并统稿，参加本书编写工作的还有王鹏、周航、阳惠娇等。针对庞大的华为网络及其复杂技术，编写一本适合读者的实验教材确实不是一件容易的事情。作者衷心感谢长沙卓应教育咨询有限公司各位领导的支持、指导和帮助，如果没有他们的付出，本书不可能在短时间内高质量地完成。本书的顺利出版也离不开清华大学出版社的支持与指导，在此一并表示衷心的感谢。尽管本书经过了作者与编辑的精心审读、校对，但限于时间和篇幅，难免有疏漏之处，望各位读者体谅包涵，不吝赐教。

作　者

2025 年 8 月

目 录

第 1 篇 华为 HCIA Datacom 项目案例

第 2 篇　华为 HCIP Datacom 项目实战

第 1 篇

华为 HCIA Datacom
项目案例

‖ 第 1 章 ‖

eNSP 的安装和使用

华为 eNSP（Enterprise Network Simulation Platform，企业网络仿真平台）模拟器是华为官方推出的一款强大的图形化网络仿真工具平台。eNSP 模拟器主要对企业网路由器、交换机、WLAN（Wireless Local Area Network，无线局域网）等设备进行软件仿真，从而得以完美地呈现真实设备部署实景；同时，支持大型网络模拟，可以让读者在没有真实设备的情况下也能够开展实验测试，学习网络技术。

扫一扫，看视频

1.1　eNSP 概述

在安装 eNSP 之前，应首先在计算机上安装 WinPcap、Wireshark 和 VirtualBox。

1. WinPcap

WinPcap 是一款用于网络抓包的专业软件，不仅可以帮助用户快速出色地抓取和分析网络上的信息包，而且可以用于网络监控、网络扫描、安全工具等各个方面，为用户带来人性化、便捷化的使用体验。

2. Wireshark

Wireshark（前称 Ethereal）是一个网络封包分析软件。网络封包分析软件的功能是截取网络封包，并尽可能显示最为详细的网络封包资料。Wireshark 使用 WinPcap 作为接口，直接与网卡进行数据报文交换。

3. VirtualBox

VirtualBox 是一款简单易用且免费的开源虚拟机。VirtualBox 体积小巧，使用时不会占用太多内存，操作简单，让用户可以轻松创建虚拟机。不仅如此，VirtualBox 的功能也很实用，支持虚拟机克隆、Direct3D 等。

安装以上 3 款软件以后，才可以安装 eNSP。

1.2　WinPcap 的安装

WinPcap 的安装步骤如下。

（1）双击 WinPcap 安装图标，进入安装界面，单击 Next 按钮，如图 1-1 所示。

（2）在图 1-2 中单击 I Agree 按钮，接受用户协议。

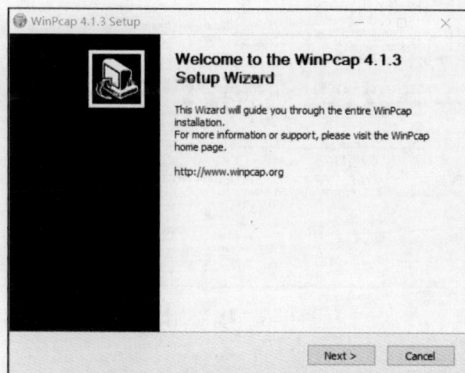

图 1-1　WinPcap 安装界面

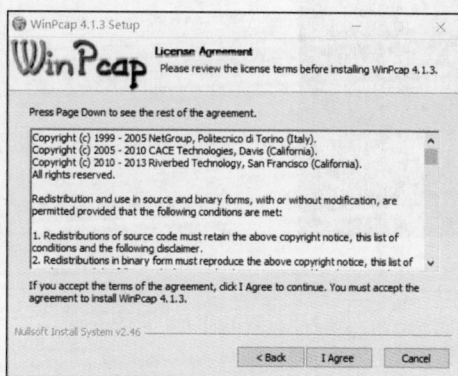

图 1-2　接受用户协议

（3）在图 1-3 中选择自动安装方式，单击 Install 按钮。

（4）在图 1-4 中单击 Finish 按钮，完成安装。

图 1-3　选择自动安装方式

图 1-4　WinPcap 安装完成

1.3　Wireshark 的安装

Wireshark 的安装步骤如下。

（1）双击 Wireshark 安装图标，进入安装界面，单击 Next 按钮，如图 1-5 所示。

（2）在图 1-6 中单击 I Agree 按钮，接受用户协议。

图 1-5　Wireshark 安装界面

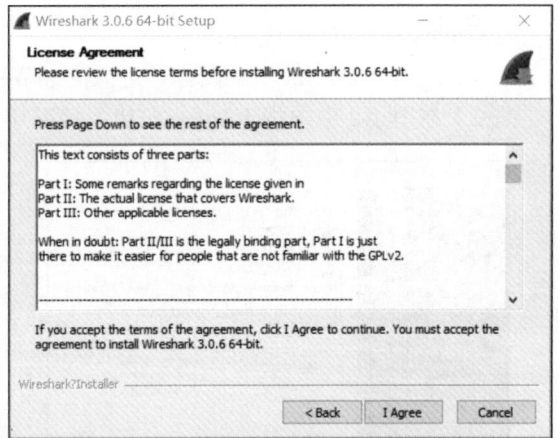

图 1-6　接受用户协议

（3）在图 1-7 中选择所有组件，单击 Next 按钮。

（4）在图 1-8 中创建快捷方式和关联文件，单击 Next 按钮。

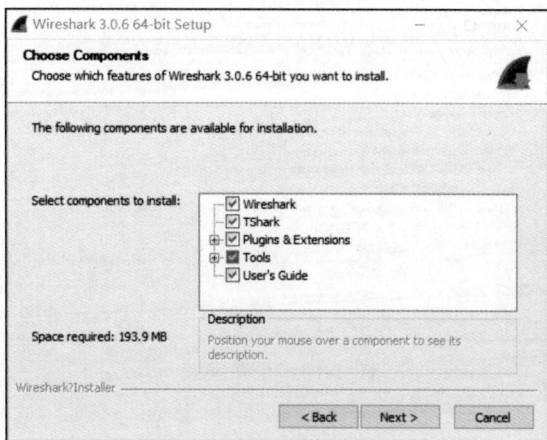

图 1-7　选择所有组件

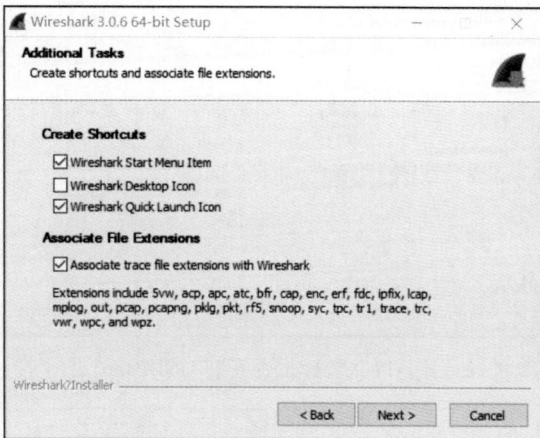

图 1-8　创建快捷方式和关联文件

（5）在图 1-9 中选择安装目录，单击 Next 按钮。

（6）在图 1-10 中选择是否安装 Npcap，单击 Next 按钮。

图 1-9　选择安装目录

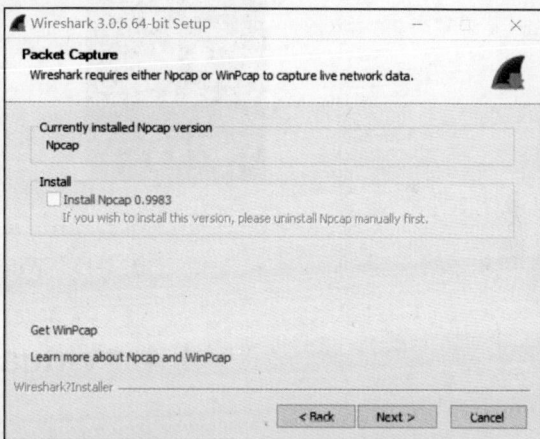

图 1-10　选择是否安装 Npcap

（7）在图 1-11 中选择是否安装 USBPcap，单击 Install 按钮。

（8）显示正在安装，如图 1-12 所示，单击 Next 按钮。

（9）在图 1-13 中单击 Finish 按钮，完成安装。

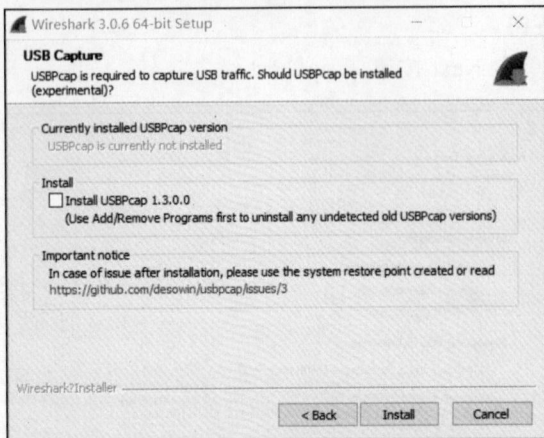

图 1-11　选择是否安装 USBPcap

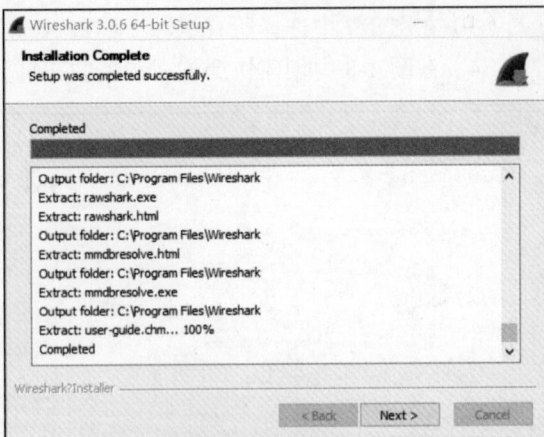

图 1-12　正在安装

图 1-13　Wireshark 安装完成

1.4　VirtualBox 的安装

VirtualBox 的安装步骤如下。

（1）双击 VirtualBox 安装图标，进入安装界面，单击【下一步】按钮，如图 1-14 所示。

（2）在图 1-15 中选择安装目录，单击【下一步】按钮。

（3）在图 1-16 中选择所有功能，单击【下一步】按钮。

（4）如图 1-17 所示，提示重置网络连接，单击【是】按钮。

（5）在图 1-18 中单击【安装】按钮，开始安装。

（6）弹出【Windows 安全中心】对话框，选中【始终信任来自 "Oracle Corporation" 的软件】复选框，单击【安装】按钮，如图 1-19 所示。

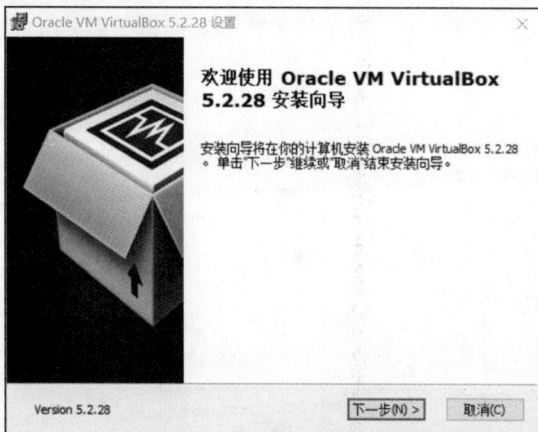

图 1-14　VirtualBox 安装界面

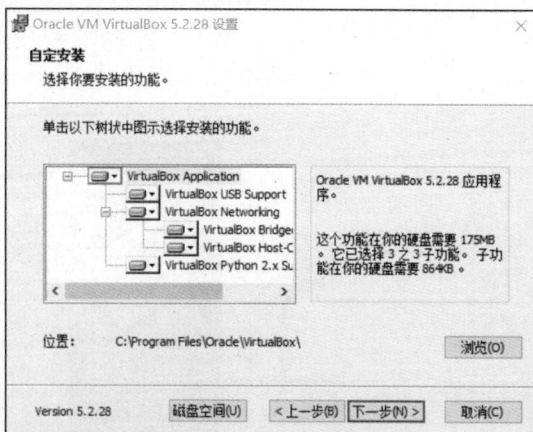

图 1-15　选择安装目录

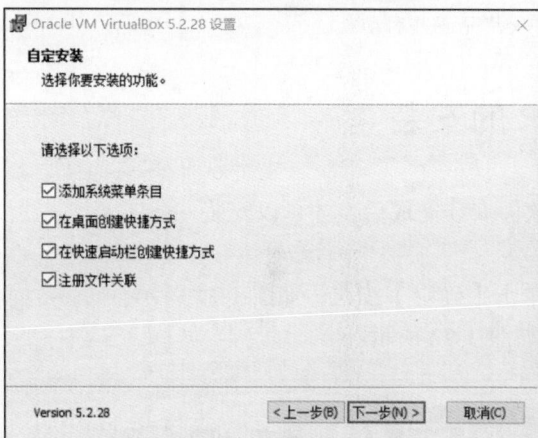

图 1-16　选择所有功能

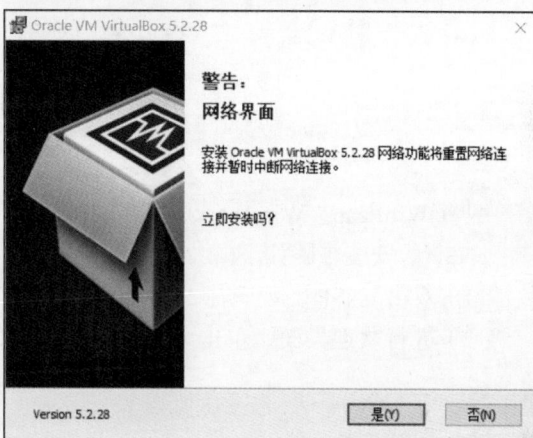

图 1-17　提示重置网络连接

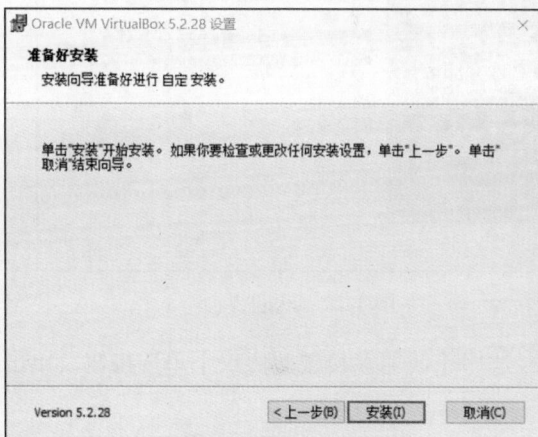

图 1-18　开始安装

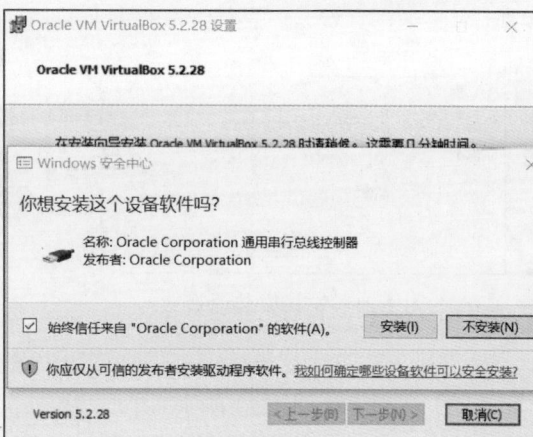

图 1-19　选中"始终信任来自'Oracle Corporation'
的软件"复选框

（7）如图 1-20 所示，选中【安装后运行 Oracle VM VirtualBox 5.2.28】复选框，单击【完成】按钮，VirtualBox 即安装完成并启动。

图 1-20　VirtualBox 安装完成并启动

1.5　eNSP 的安装

只有 WinPcap、Wireshark、VirtualBox 3 个软件安装完成后，才可以安装 eNSP。eNSP 的安装步骤如下。

（1）双击 eNSP 安装图标，选择安装语言，单击【确定】按钮，如图 1-21 所示。

（2）进行欢迎界面，单击【下一步】按钮，如图 1-22 所示。

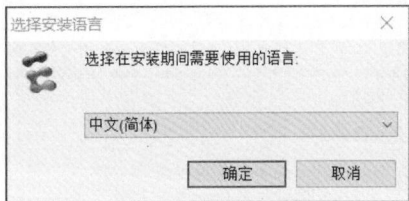

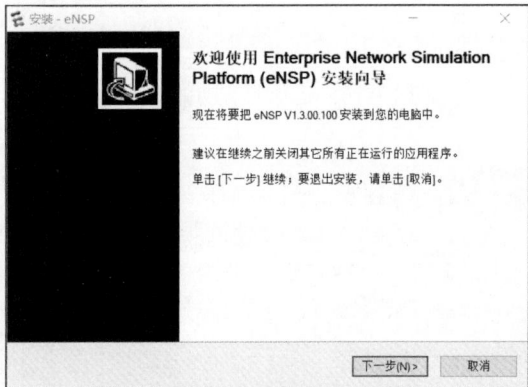

图 1-21　选择安装语言　　　　　　　　　　图 1-22　欢迎界面

（3）进入许可协议界面，阅读许可协议条款，选中【我愿意接受此协议】单选按钮，单击【下一步】按钮，如图 1-23 所示。

（4）设置 eNSP 安装目录，目录路径中不能包含非英文字符，单击【下一步】按钮，如图 1-24所示。

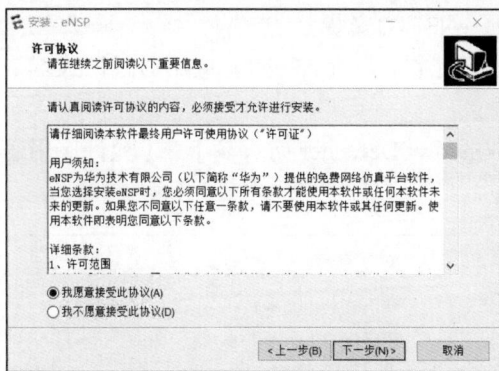

图 1-23　接受许可协议　　　　　　　　图 1-24　选择 eNSP 安装目录

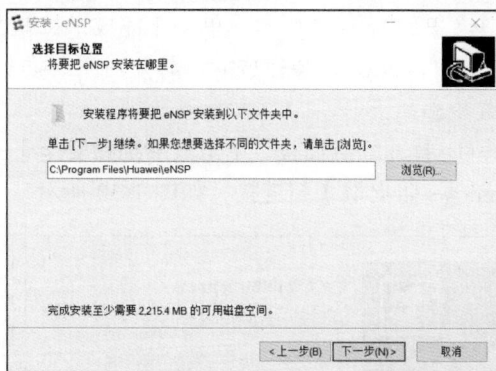

（5）如图 1-25 所示，选择开始菜单文件夹，单击【下一步】按钮。

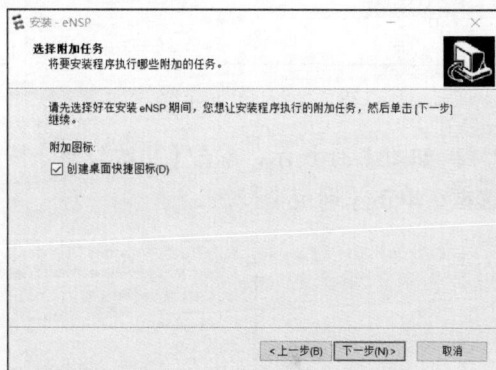

（6）如图 1-26 所示，选择附加任务，单击【下一步】按钮。

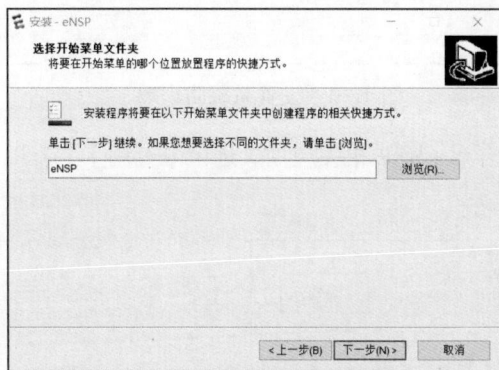

图 1-25　选择开始菜单文件夹　　　　　　图 1-26　选择附加任务

（7）此时系统会检测是否已安装 WinPcap、Wireshark、VirtualBox，如图 1-27 所示。

（8）如图 1-28 所示，单击【安装】按钮，准备安装。

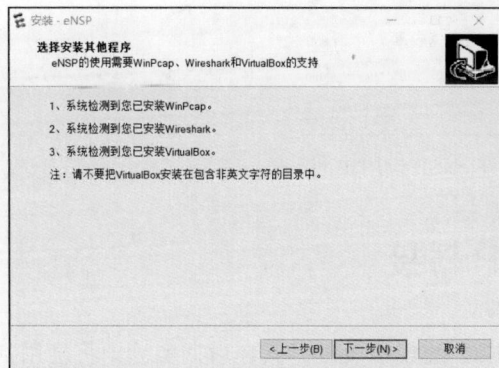

图 1-27　检测是否安装其他程序　　　　　　图 1-28　准备安装

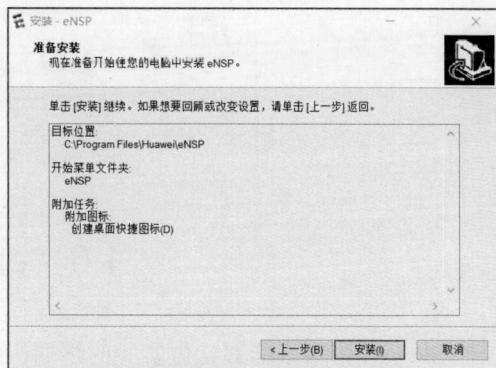

（9）如图 1-29 所示，单击【完成】按钮，完成 eNSP 的安装。

（10）eNSP 安装完成后，需要对系统防火墙进行配置，以允许 eNSP 应用通过防火墙。其配置步骤如下。

① 打开控制面板，单击【系统和安全】→【Windows Defender 防火墙】→【允许应用通过 Windows 防火墙】超链接，如图 1-30 所示。

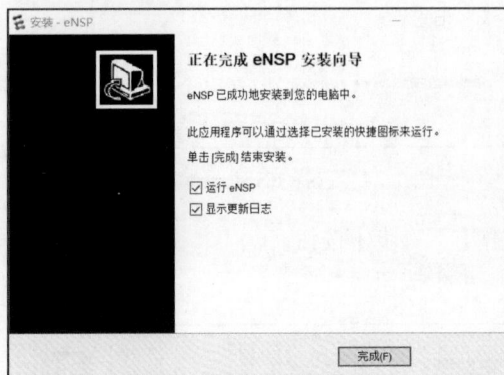

图 1-29　eNSP 安装完成

图 1-30　设置系统防火墙

② 如图 1-31 所示，单击【更改设置】按钮，开启 eNSP 相关应用，选中【专用】【公用】复选框，单击【确定】按钮。

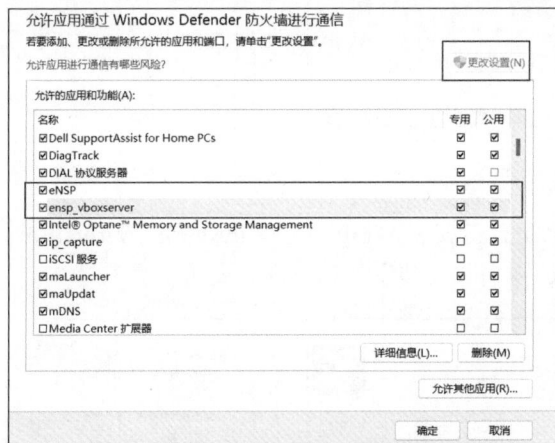

图 1-31　在防火墙上允许 eNSP 应用访问

1.6　eNSP 桥接

eNSP 桥接是为了能够让做实验的终端访问 eNSP 的模拟设备，其在后期实验中将会用到。eNSP 桥接步骤如下。

（1）在 Windows 操作系统中安装虚拟网卡，并为虚拟网卡配置 IP 地址。

① 按 Windows＋R 组合键，弹出【运行】对话框，在【打开】文件框中输入【hdwwiz】，单击【确定】按钮，如图 1-32 所示。

② 如图 1-33 所示，添加硬件向导，单击【下一页】按钮。

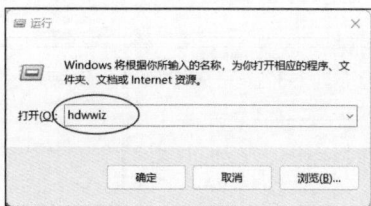

图 1-32　【运行】对话框

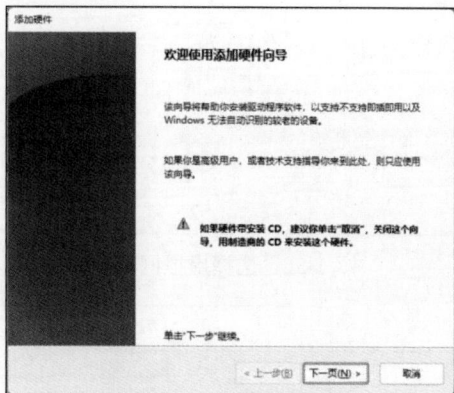

图 1-33　添加硬件向导

③ 如图 1-34 所示，选中【安装我手动从列表选择的硬件（高级）】单选按钮，单击【下一页】按钮。

④ 如图 1-35 所示，选择【网络适配器】，单击【下一页】按钮。

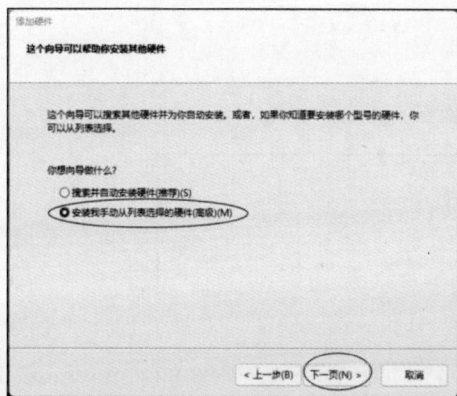

图 1-34　选择安装方式

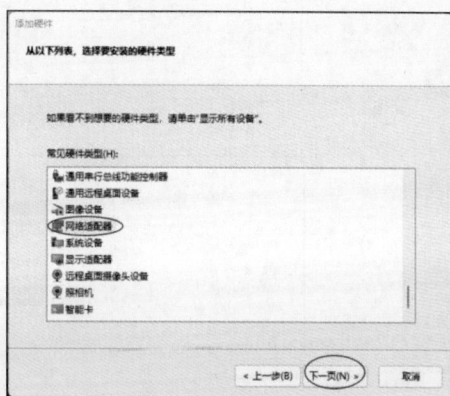

图 1-35　选择硬件类型

⑤ 如图 1-36 所示，先选择【厂商】中的【Microsoft】，再选择【型号】中的【Microsoft KM-TEST 环回适配器】，单击【下一页】按钮。

⑥ 单击【下一页】按钮，完成虚拟网卡安装，如图 1-37 所示。

⑦ 虚拟网卡安装完毕后，需设置虚拟网卡的 IP 地址。打开控制面板，单击【网络和 Internet】超链接，如图 1-38 所示。

⑧ 进入【网络和 Internet】界面，如图 1-39 所示，单击【网络和共享中心】超链接。

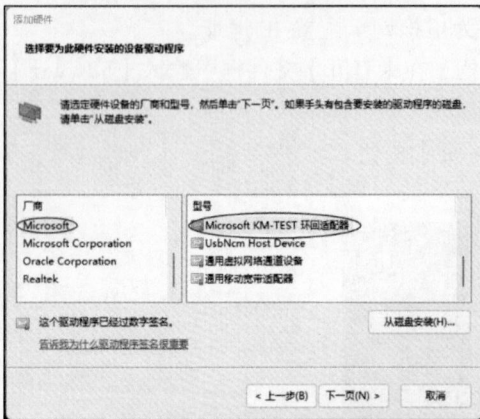

图 1-36 选择虚拟网卡

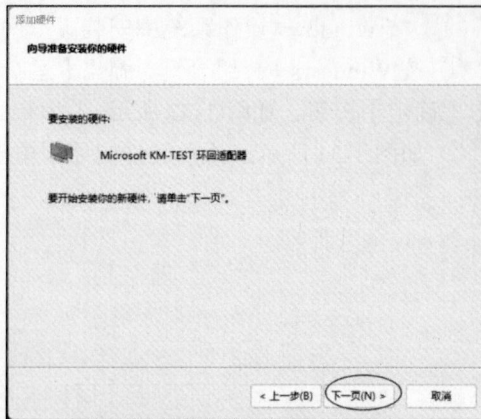

图 1-37 完成虚拟网卡安装

图 1-38 控制面板

图 1-39 【网络和 Internet】界面

⑨ 进入【网络和共享中心】界面，如图 1-40 所示，单击【更改适配器设置】超链接。

图 1-40　【网络和共享中心】界面

⑩ 进入【网络连接】界面，如图 1-41 所示，双击环回适配器。

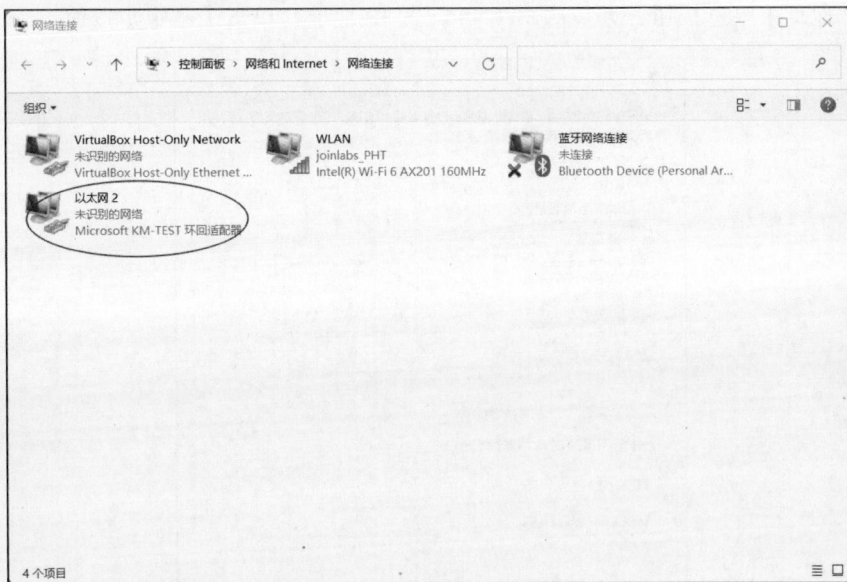

图 1-41　【网络连接】界面

⑪ 弹出【以太网 2 状态】对话框，如图 1-42 所示，单击【属性】按钮。

⑫ 弹出【以太网 2 属性】对话框，如图 1-43 所示，双击【Internet 协议版本 4（TCP/IPv4）】。

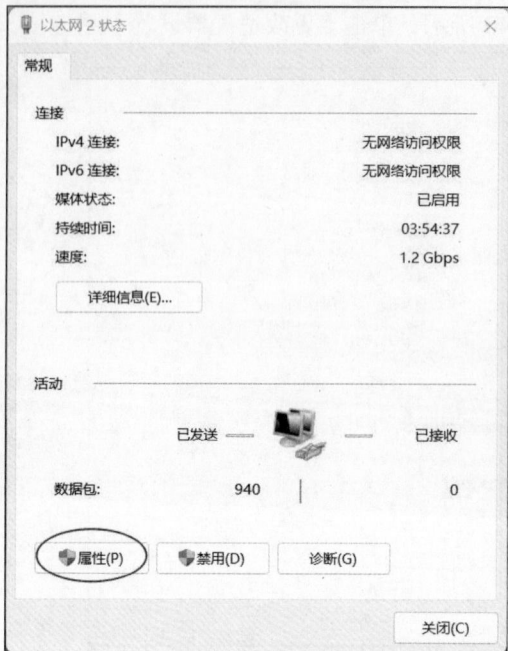

图 1-42　修改虚拟网卡 IP（1）

图 1-43　修改虚拟网卡 IP（2）

⑬ 弹出【Internet 协议版本 4（TCP/IPv4）属性】对话框，在【常规】选项卡中选中【使用下面的 IP 地址】单选按钮，并按照图 1-44 配置 IP 地址，单击【确定】按钮。

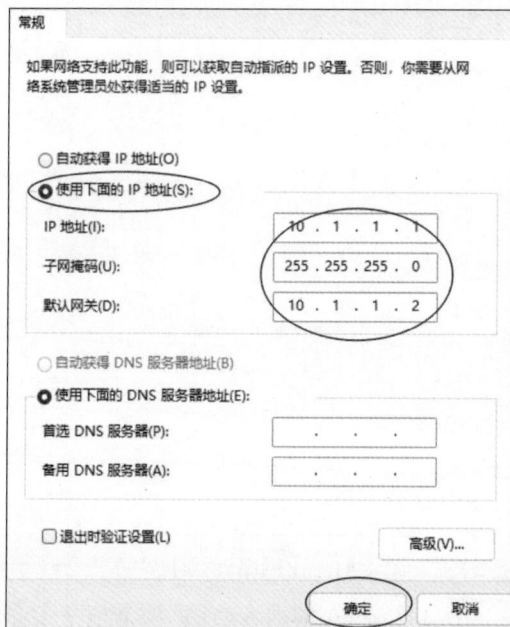

图 1-44　修改虚拟网卡 IP（3）

（2）使用 eNSP 桥接计算机。

① 打开 eNSP，单击云图标，选择 Cloud，将其拖至空白处，如图 1-45 所示。

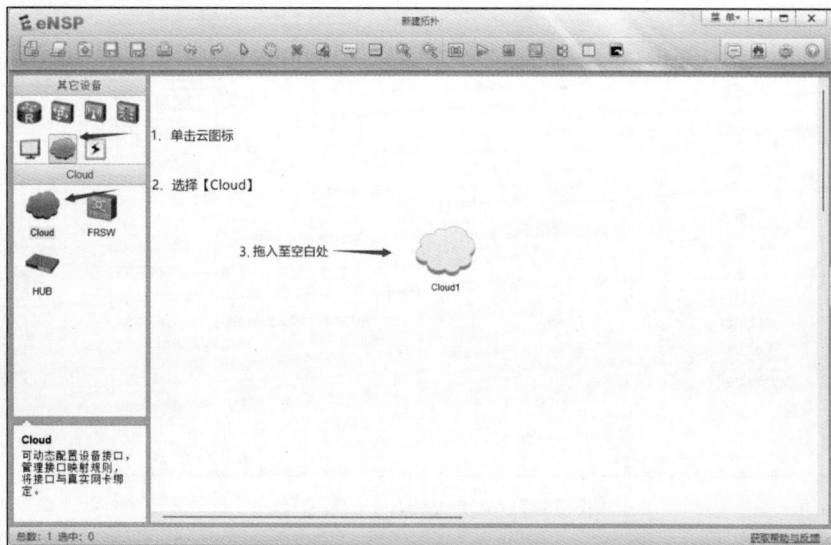

图 1-45　eNSP 配置界面

② 双击 Cloud1，进入 Cloud1 界面，将【绑定信息】设置为 UDP，单击【增加】按钮，如图 1-46 所示。

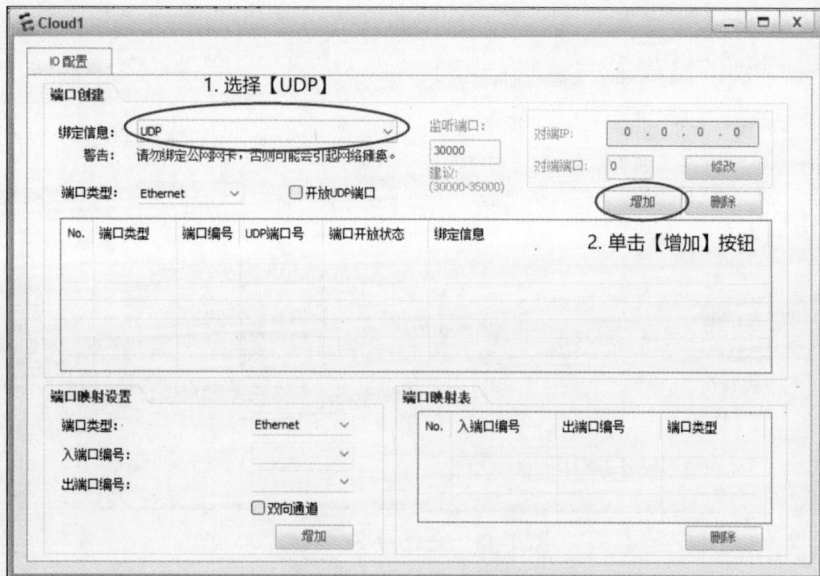

图 1-46　添加 UDP 绑定信息

③ 如图 1-47 所示，在【绑定信息】中选择虚拟网卡，单击【增加】按钮，添加网卡。

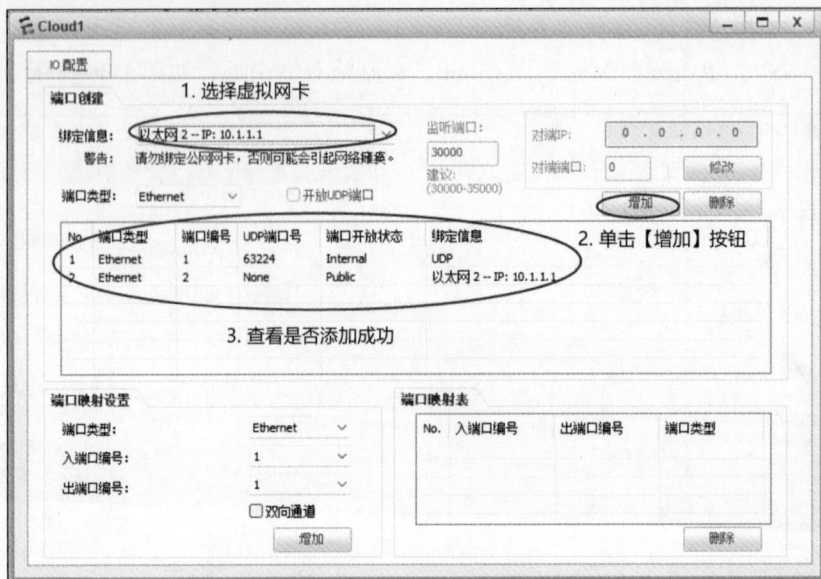

图 1-47　添加虚拟网卡绑定信息

④　如图 1-48 所示，在【入端口编号】中选择【1】，在【出端口编号】中选择【2】，选中【双向通道】复选框，单击【增加】按钮，即完成 eNSP 桥接。

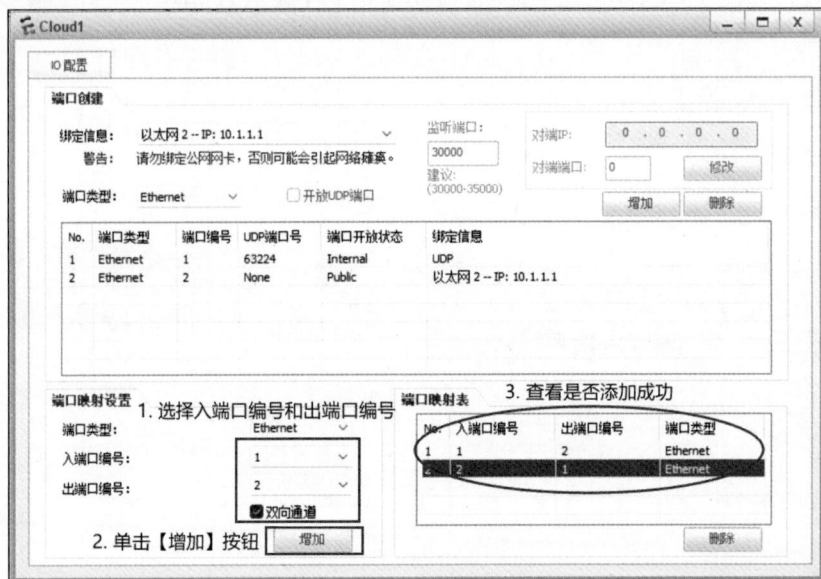

图 1-48　完成 eNSP 桥接

‖ 第 2 章 ‖
企业级路由项目案例

在企业级项目中，常用的路由协议有静态路由、OSPF。本章主要通过如下三个项目案例让读者掌握静态路由和 OSPF 在项目中的应用。

➥ 某车床芯片研发中心 IP 地址规划和静态路由配置项目案例

➥ 某电子政务网 OSPF 路由配置项目案例

➥ 湖南某健康产业集团路由配置项目案例

2.1 某车床芯片研发中心 IP 地址规划和静态路由配置项目案例

1. 项目拓扑

某车床芯片研发中心项目拓扑如图 2-1 所示。

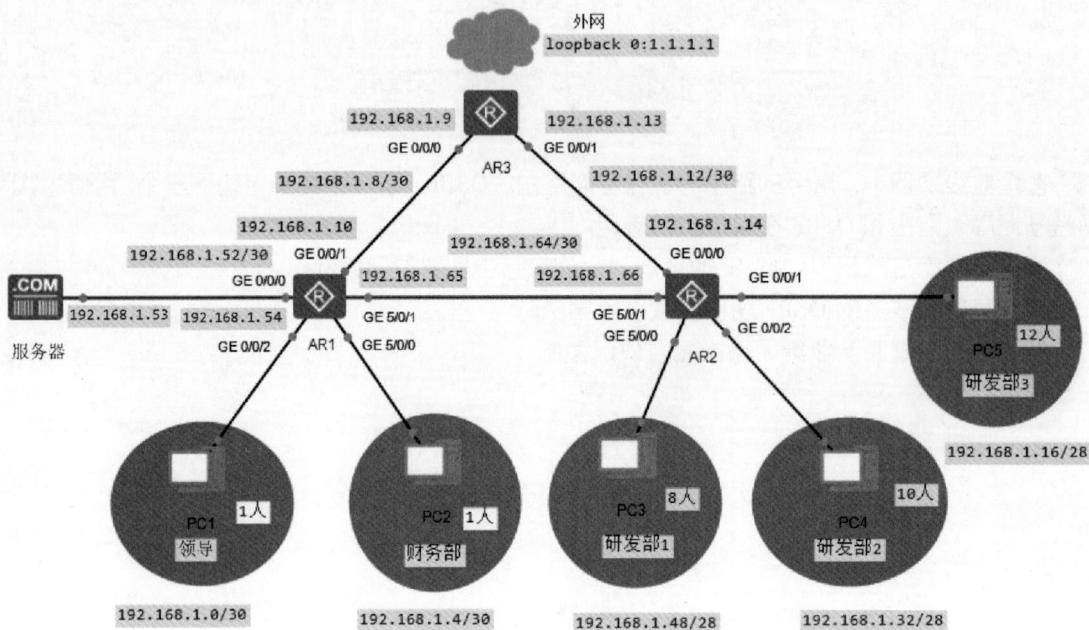

图 2-1　某车床芯片研发中心项目拓扑

IP 地址规划如表 2-1 所示。

表 2-1　IP 地址规划

部门	IP 范围/掩码	网关	所属 VLAN
领导	192.168.1.0～192.168.1.3/30	192.168.1.2	10
财务部	192.168.1.4～192.168.1.7/30	192.168.1.6	20
研发部 1	192.168.1.48～192.168.1.63/28	192.168.1.62	30
研发部 2	192.168.1.32～192.168.1.47/28	192.168.1.26	40
研发部 3	192.168.1.16～192.168.1.31/28	192.168.1.30	50
服务器	192.168.1.53/30	192.168.1.54	无

2. 项目需求

（1）按图 2-1 配置 IP 地址。

（2）配置静态路由，实现网络互联互通。

（3）内部网络之间通信，流量路径为 AR1—AR2。

（4）内部网络访问外网，主路径为 AR1—AR3（网关在 AR1 上）或 AR2—AR3（网关在 AR2 上），备份路径为 AR1—AR2—AR3（网关在 AR1 上）或 AR2—AR1—AR3（网关在 AR2 上）。

（5）AR3 回包采用负载分担形式。

3. 实验步骤

（1）配置 IP 地址。

① 配置 AR1。

```
<Huawei>system-view
[Huawei]sysname AR1
[AR1]interface ge0/0/0
[AR1-GigabitEthernet0/0/0]ip address  192.168.1.54 30
[AR1-GigabitEthernet0/0/0]q
[AR1]interface  ge0/0/1
[AR1-GigabitEthernet0/0/1]ip address  192.168.1.10 30
[AR1-GigabitEthernet0/0/1]quit
[AR1]interface  ge5/0/1
[AR1-GigabitEthernet5/0/1]ip address  192.168.1.65 30
[AR1-GigabitEthernet5/0/1]quit
[AR1]interface  ge0/0/2
[AR1-GigabitEthernet0/0/2]ip address  192.168.1.2 30
[AR1-GigabitEthernet0/0/2]q
[AR1]interface  ge5/0/0
[AR1-GigabitEthernet5/0/0]ip address  192.168.1.6 30
```

在 AR1 上查看 IP 地址配置是否正确，端口的物理状态和协议状态是否正常。

```
[AR1]display  ip int brief
*down: administratively down
^down: standby
(l): loopback
(s): spoofing
The number of interface that is UP in Physical is 6
The number of interface that is DOWN in Physical is 2
The number of interface that is UP in Protocol is 6
The number of interface that is DOWN in Protocol is 2

Interface                       IP Address/Mask      Physical   Protocol
GigabitEthernet0/0/0            192.168.1.54/30        up          up
GigabitEthernet0/0/1            192.168.1.10/30        up          up
GigabitEthernet0/0/2            192.168.1.2/30         up          up
GigabitEthernet5/0/0            192.168.1.6/30         up          up
GigabitEthernet5/0/1            192.168.1.65/30        up          up
```

通过以上输出可以看到配置没有问题，一切正常。

② 配置 AR2。

```
<Huawei>system-view
[Huawei]sysname AR2
[AR2]interface ge0/0/0
[AR2-GigabitEthernet0/0/0]ip address 192.168.1.14 30
[AR2-GigabitEthernet0/0/0]quit
[AR2]interface ge0/0/1
[AR2-GigabitEthernet0/0/1]ip address 192.168.1.30 28
[AR2-GigabitEthernet0/0/1]quit
[AR2]interface ge0/0/2
[AR2-GigabitEthernet0/0/2]ip address 192.168.1.46 28
[AR2-GigabitEthernet0/0/2]quit
[AR2]interface ge5/0/1
[AR2-GigabitEthernet5/0/1]ip address 192.168.1.66 30
[AR2-GigabitEthernet5/0/1]quit
[AR2]interface ge5/0/0
[AR2-GigabitEthernet5/0/0]ip address 192.168.1.62 28
```

在 AR2 上查看 IP 地址配置是否正确。

```
[AR2]display ip int brief

Interface                 IP Address/Mask      Physical   Protocol
GigabitEthernet0/0/0      192.168.1.14/30      up         up
GigabitEthernet0/0/1      192.168.1.30/28      up         up
GigabitEthernet0/0/2      192.168.1.46/28      up         up
GigabitEthernet5/0/0      192.168.1.62/28      up         up
GigabitEthernet5/0/1      192.168.1.66/30      up         up
```

③ 配置 AR3。

```
[Huawei]sysname AR3
[AR3]interface ge0/0/0
[AR3-GigabitEthernet0/0/0]ip address 192.168.1.9 30
[AR3-GigabitEthernet0/0/0]quit
[AR3]interface ge0/0/1
[AR3-GigabitEthernet0/0/1]ip address 192.168.1.13 30
[AR3-GigabitEthernet0/0/1]quit
[AR3]interface LoopBack 0
[AR3-LoopBack0]ip address 1.1.1.1 32
```

在 AR3 上查看 IP 地址配置是否正确。

```
[AR3]display ip interface brief
Interface                 IP Address/Mask      Physical   Protocol
GigabitEthernet0/0/0      192.168.1.9/30       up         up
GigabitEthernet0/0/1      192.168.1.13/30      up         up
```

（2）在网关接口配置 DHCP（Dynamic Host Configuration Protocol，动态主机配置协议）服务，使终端设备能获取 IP 地址。

```
[AR1]dhcp enable //开启 DHCP 功能
```

```
[AR1]interface ge0/0/2
[AR1-GigabitEthernet0/0/2]dhcp select interface  //使用接口的 IP 网段分配 IP 地址
[AR1-GigabitEthernet0/0/2]quit
[AR1]interface ge5/0/0
[AR1-GigabitEthernet5/0/0]dhcp select interface
[AR1-GigabitEthernet5/0/0]quit
[AR2]dhcp enable
[AR2]interface ge0/0/1
[AR2-GigabitEthernet0/0/1]dhcp select interface
[AR2-GigabitEthernet0/0/1]quit
[AR2]interface ge0/0/2
[AR2-GigabitEthernet0/0/2]dhcp select interface
[AR2-GigabitEthernet0/0/2]quit
[AR2]interface ge5/0/0
[AR2-GigabitEthernet5/0/0]dhcp select interface
[AR2-GigabitEthernet5/0/0]quit
```

以 PC1 为例，查看终端是否获取到 IP 地址，如图 2-2 所示。其他 PC 同理。

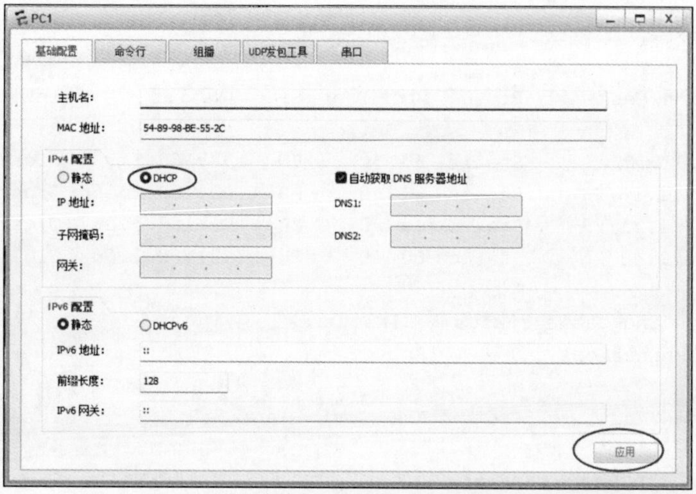

图 2-2　查看 PC1 能否通过 DHCP 获取到 IP 地址

在 PC1 上查看 IP 地址，如图 2-3 所示。

通过以上输出可以看到，PC1 获取到了 IP 地址。

（3）配置静态路由，实现网络互联互通。

① 配置 AR1。

```
[AR1]ip route-static 192.168.1.16 28 192.168.1.66
[AR1]ip route-static 192.168.1.32 28 192.168.1.66
[AR1]ip route-static 192.168.1.48 28 192.168.1.66
[AR1]IP route-static 0.0.0.0 0 192.168.1.9
[AR1]IP route-static 0.0.0.0 0 192.168.1.66 preference 70
```

图 2-3　在 PC1 上查看 IP 地址

在 AR1 上查看路由表中的静态路由。

```
[AR1]display ip routing-table protocol static

Destination/Mask      Proto  Pre  Cost Flags NextHop       Interface

      0.0.0.0/0       Static 60   0    RD    192.168.1.9   GigabitEthernet0/0/1
  192.168.1.16/28     Static 60   0    RD    192.168.1.66  GigabitEthernet5/0/1
  192.168.1.32/28     Static 60   0    RD    192.168.1.66  GigabitEthernet5/0/1
  192.168.1.48/28     Static 60   0    RD    192.168.1.66  GigabitEthernet5/0/1

Static routing table status : <Inactive>
      Destinations : 1      Routes : 1

Destination/Mask      Proto  Pre  Cost Flags NextHop       Interface

      0.0.0.0/0       Static 70   0    R     192.168.1.66  GigabitEthernet5/0/1
```

②配置 AR2。

```
[AR2]ip route-static 192.168.1.0 30 192.168.1.65
[AR2]ip route-static 192.168.1.4 30 192.168.1.65
[AR2]ip route-static 192.168.1.52 30 192.168.1.65
[AR2]ip route-static 0.0.0.0 0 192.168.1.13
[AR2]ip route-static 0.0.0.0 0 192.168.1.65 preference 70
```

在 AR2 上查看路由表中的静态路由。

```
[AR2]display ip routing-table protocol static

Destination/Mask    Proto  Pre  Cost Flags NextHop       Interface

      0.0.0.0/0     Static 60   0    RD    192.168.1.13  GigabitEthernet0/0/0
```

```
    192.168.1.0/30    Static  60   0       RD   192.168.1.65   GigabitEthernet5/0/1
    192.168.1.4/30    Static  60   0       RD   192.168.1.65   GigabitEthernet5/0/1
    192.168.1.52/30   Static  60   0       RD   192.168.1.65   GigabitEthernet5/0/1

Static routing table status : <Inactive>
        Destinations : 1        Routes : 1

Destination/Mask    Proto   Pre  Cost    Flags NextHop    Interface

    0.0.0.0/0       Static  70   0       R   192.168.1.65   GigabitEthernet5/0/1
```

③配置 AR3。

```
[AR3]ip route-static 192.168.1.0 30 192.168.1.10
[AR3]ip route-static 192.168.1.4 30 192.168.1.10
[AR3]ip route-static 192.168.1.52 30 192.168.1.10
[AR3]ip route-static 192.168.1.0 30 192.168.1.14
[AR3]ip route-static 192.168.1.4 30 192.168.1.14
[AR3]ip route-static 192.168.1.52 30 192.168.1.14
[AR3]IP route-static 192.168.1.16 28 192.168.1.10
[AR3]IP route-static 192.168.1.32 28 192.168.1.10
[AR3]IP route-static 192.168.1.48 28 192.168.1.10
[AR3]ip route-static 192.168.1.16 255.255.255.240 192.168.1.14
[AR3]ip route-static 192.168.1.32 255.255.255.240 192.168.1.14
[AR3]ip route-static 192.168.1.48 255.255.255.240 192.168.1.14
```

（4）测试网络的连通性。

先查看其他 PC 的 IP 地址，再进行测试。本项目案例 IP 地址获取情况如下：财务部 IP 为 192.168.1.5，研发部 1 IP 为 192.168.1.61，研发部 2 IP 为 192.168.1.45，研发部 3 IP 为 192.168.1.29。

用领导的计算机分别访问研发部 3 和财务部，输出如图 2-4 所示，可以看到网络都能 ping 通。

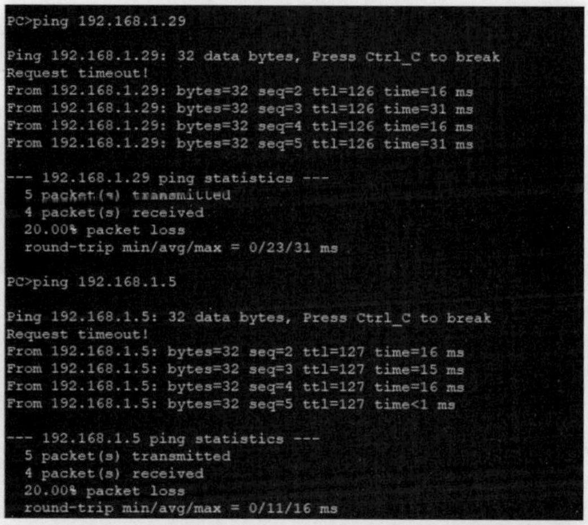

图 2-4　用领导的计算机分别访问研发部 3 和财务部

用领导的计算机分别访问研发部 1 和研发部 2，输出如图 2-5 所示，可以看到网络都能 ping 通。

在领导的计算机上测试外部网络是否可以通信，输出如图 2-6 所示，可以看到能 ping 通。

```
PC>ping 192.168.1.61

Ping 192.168.1.61: 32 data bytes, Press Ctrl_C to break
From 192.168.1.61: bytes=32 seq=1 ttl=126 time=16 ms

--- 192.168.1.61 ping statistics ---
  1 packet(s) transmitted
  1 packet(s) received
  0.00% packet loss
  round-trip min/avg/max = 16/16/16 ms

PC>ping 192.168.1.45

Ping 192.168.1.45: 32 data bytes, Press Ctrl_C to break
Request timeout!
From 192.168.1.45: bytes=32 seq=2 ttl=126 time=31 ms
From 192.168.1.45: bytes=32 seq=3 ttl=126 time=15 ms
From 192.168.1.45: bytes=32 seq=4 ttl=126 time=16 ms
From 192.168.1.45: bytes=32 seq=5 ttl=126 time=16 ms

--- 192.168.1.45 ping statistics ---
  5 packet(s) transmitted
  4 packet(s) received
  20.00% packet loss
  round-trip min/avg/max = 0/19/31 ms
```

```
PC>ping 1.1.1.1

Ping 1.1.1.1: 32 data bytes, Press Ctrl_C to break
From 1.1.1.1: bytes=32 seq=1 ttl=254 time=15 ms
From 1.1.1.1: bytes=32 seq=2 ttl=254 time=32 ms
From 1.1.1.1: bytes=32 seq=3 ttl=254 time=15 ms
From 1.1.1.1: bytes=32 seq=4 ttl=254 time=31 ms
From 1.1.1.1: bytes=32 seq=5 ttl=254 time=16 ms

--- 1.1.1.1 ping statistics ---
  5 packet(s) transmitted
  5 packet(s) received
  0.00% packet loss
  round-trip min/avg/max = 15/21/32 ms
```

图 2-5　用领导的计算机分别访问研发部 1 和研发部 2　　图 2-6　在领导的计算机上访问外部网络

2.2　某电子政务网 OSPF 路由配置项目案例

扫一扫，看视频

1. 项目拓扑

某电子政务网项目拓扑如图 2-7 所示。

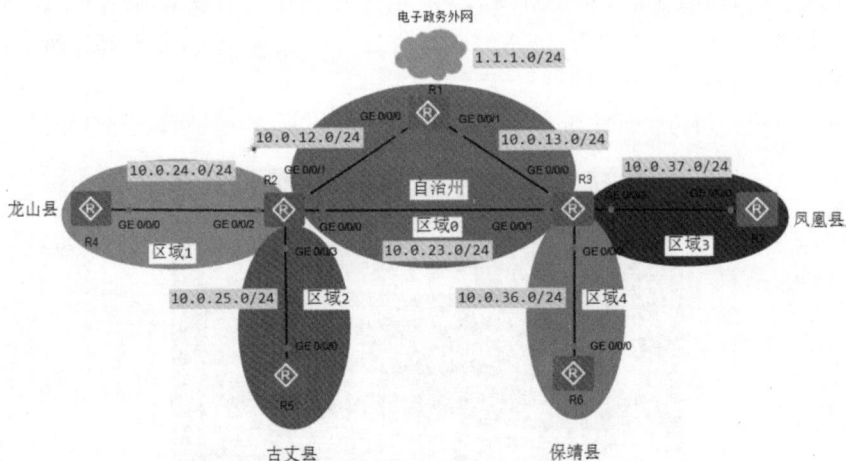

图 2-7　某电子政务网项目拓扑

2. 项目需求

（1）按图 2-7 配置 IP 地址。

（2）全网运行 OSPF（Open Short Path First，开放式最短路径优先），全网实现互联互通。

（3）所有设备可以访问电子政务网 1.1.1.1。

3. 实验步骤

1）IP 地址划分与配置

（1）配置 R1。

```
<Huawei>system-view
[Huawei]sysname R1
[R1]interface ge0/0/0
[R1-GigabitEthernet0/0/0]ip address 10.0.12.1 24
[R1-GigabitEthernet0/0/0]interface ge0/0/1
[R1-GigabitEthernet0/0/1]ip address 10.0.13.1 24
[R1-GigabitEthernet0/0/1]quit
[R1]interface LoopBack 0
[R1-Ethernet0/0/1]ip address 1.1.1.1  24
[R1-Ethernet0/0/1]quit
```

（2）配置 R2。

```
<Huawei>system-view
[Huawei]sysname R2
[R2]interface ge0/0/0
[R2-GigabitEthernet0/0/0]ip address 10.0.23.2 24
[R2-GigabitEthernet0/0/0]interface ge0/0/1
[R2-GigabitEthernet0/0/1]ip address 10.0.12.2 24
[R2-GigabitEthernet0/0/1]interface ge0/0/2
[R2-GigabitEthernet0/0/2]ip address 10.0.24.2 24
[R2-GigabitEthernet0/0/2]interface ge0/0/3
[R2-GigabitEthernet0/0/3]ip address 10.0.25.2 24
[R2-GigabitEthernet0/0/3]quit
```

（3）配置 R3。

```
<Huawei>system-view
[Huawei]sysname R3
[R3]interface ge0/0/0
[R3-GigabitEthernet0/0/0]ip address 10.0.13.3 24
[R3-GigabitEthernet0/0/0]interface ge0/0/1
[R3-GigabitEthernet0/0/1]ip address 10.0.23.3 24
[R3-GigabitEthernet0/0/1]interface ge0/0/2
[R3-GigabitEthernet0/0/2]ip address 10.0.36.3 24
[R3-GigabitEthernet0/0/2]interface ge0/0/3
[R3-GigabitEthernet0/0/3]ip address 10.0.37.3 24
[R3-GigabitEthernet0/0/3]quit
```

（4）配置 R4。

```
<Huawei>system-view
[Huawei]sysname R4
[R4]interface ge0/0/0
[R4-GigabitEthernet0/0/0]ip address 10.0.24.4 24
```

```
[R4-GigabitEthernet0/0/0]quit
```

（5）配置 R5。

```
<Huawei>system-view
[Huawei]sysname R5
[R5]interface ge0/0/0
[R5-GigabitEthernet0/0/0]ip address 10.0.25.5 24
[R5-GigabitEthernet0/0/0]quit
```

（6）配置 R6。

```
<Huawei>system-view
[Huawei]sysname R6
[R6]interface ge0/0/0
[R6-GigabitEthernet0/0/0]ip address 10.0.36.6 24
[R6-GigabitEthernet0/0/0]quit
```

（7）配置 R7。

```
<Huawei>system-view
[Huawei]sysname R7
[R7]interface ge0/0/0
[R7-GigabitEthernet0/0/0]ip address 10.0.37.7 24
[R7-GigabitEthernet0/0/0]quit
```

2）运行 OSPF

（1）配置 R1。

```
[R1]ospf 1 router-id 1.1.1.1
[R1-ospf-1]area 0
[R1-ospf-1-area-0.0.0.0]network 10.0.12.1 0.0.0.0
[R1-ospf-1-area-0.0.0.0]network 10.0.13.1 0.0.0.0
```

（2）配置 R2。

```
[R2]ospf 1 router-id 2.2.2.2
[R2-ospf-1]area 0
[R2-ospf-1-area-0.0.0.0]network 10.0.12.2 0.0.0.0
[R2-ospf-1-area-0.0.0.0]network 10.0.23.2 0.0.0.0
[R2-ospf-1-area-0.0.0.0]quit
[R2-ospf-1]area 1
[R2-ospf-1-area-0.0.0.1]network 10.0.24.0 0.0.0.0
[R2-ospf-1-area-0.0.0.1]quit
[R2-ospf-1]area 2
[R2-ospf-1-area-0.0.0.2]network 10.0.25.0 0.0.0.0
```

（3）配置 R3。

```
[R3]ospf 1 router-id 3.3.3.3
[R3-ospf-1]area 0
[R3-ospf-1-area-0.0.0.0]network 10.0.13.3 0.0.0.0
[R3-ospf-1-area-0.0.0.0]network 10.0.23.3 0.0.0.0
[R3-ospf-1-area-0.0.0.0]quit
[R3-ospf-1]area 4
```

```
[R3-ospf-1-area-0.0.0.4]network 10.0.36.3 0.0.0.0
[R3-ospf-1-area-0.0.0.4]quit
[R3-ospf-1]area 3
[R3-ospf-1-area-0.0.0.3]network 10.0.37.3 0.0.0.0
```

（4）配置 R4。

```
[R4]ospf 1 router-id 4.4.4.4
[R4-ospf-1]area 1
[R4-ospf-1-area-0.0.0.1]network 10.0.24.4 0.0.0.0'
```

（5）配置 R5。

```
[R5]ospf 1 router-id 5.5.5.5
[R5-ospf-1]area 2
[R5-ospf-1-area-0.0.0.2]network 10.0.25.5 0.0.0.0
```

（6）配置 R6。

```
[R6]ospf 1 router-id 6.6.6.6
[R6-ospf-1]area 4
[R6-ospf-1-area-0.0.0.4]network 10.0.36.6 0.0.0.0
```

（7）配置 R7。

```
[R7]ospf 1 router-id 7.7.7.7
[R7-ospf-1]area 3
[R7-ospf-1-area-0.0.0.3]network 10.0.37.7 0.0.0.0
```

3）查看 R1 上的 LSDB 以及路由表

（1）在 R1 上查看 OSPF 的链路状态数据库（Link State DataBase，LSDB）。

```
[AR1]display ospf lsdb

     OSPF Process 1 with Router ID 1.1.1.1
        Link State Database


              Area: 0.0.0.0
 Type       LinkState ID    AdvRouter       Age   Len   Sequence     Metric
 Router     10.0.23.2       10.0.23.2       196   48    8000000A     1
 Router     1.1.1.1         1.1.1.1         202   60    8000000B     1
 Router     3.3.3.3         3.3.3.3         181   48    80000008     1
 Network    10.0.23.2       10.0.23.2       196   32    80000002     0
 Network    10.0.13.1       1.1.1.1         202   32    80000002     0
 Network    10.0.12.1       1.1.1.1         278   32    80000002     0
 Sum-Net    10.0.25.0       10.0.23.2       242   28    80000001     1
 Sum-Net    10.0.24.0       10.0.23.2       265   28    80000001     1
 Sum-Net    10.0.37.0       3.3.3.3         171   28    80000001     1
 Sum-Net    10.0.36.0       3.3.3.3         187   28    80000001     1
```

（2）在 R1 上查看路由表。

```
[AR1]display ip routing-table
Route Flags: R - relay, D - download to fib
------------------------------------------------------------------------
```

```
Routing Tables: Public
         Destinations : 13      Routes : 14

Destination/Mask    Proto  Pre  Cost     Flags NextHop     Interface

        1.1.1.0/24  Direct 0    0        D    1.1.1.1      LoopBack0
        1.1.1.1/32  Direct 0    0        D    127.0.0.1    LoopBack0
       10.0.12.0/24 Direct 0    0        D    10.0.12.1    GigabitEthernet
0/0/0
       10.0.12.1/32 Direct 0    0        D    127.0.0.1    GigabitEthernet
0/0/0
       10.0.13.0/24 Direct 0    0        D    10.0.13.1    GigabitEthernet
0/0/1
       10.0.13.1/32 Direct 0    0        D    127.0.0.1    GigabitEthernet
0/0/1
       10.0.23.0/24 OSPF   10   2        D    10.0.12.2    GigabitEthernet
0/0/0
                    OSPF   10   2        D    10.0.13.3    GigabitEthernet
0/0/1
       10.0.24.0/24 OSPF   10   2        D    10.0.12.2    GigabitEthernet
0/0/0
       10.0.25.0/24 OSPF   10   2        D    10.0.12.2    GigabitEthernet
0/0/0
       10.0.36.0/24 OSPF   10   2        D    10.0.13.3    GigabitEthernet
0/0/1
       10.0.37.0/24 OSPF   10   2        D    10.0.13.3    GigabitEthernet
0/0/1
      127.0.0.0/8   Direct 0    0        D    127.0.0.1    InLoopBack0
      127.0.0.1/32  Direct 0    0        D    127.0.0.1    InLoopBack0
```

通过以上输出可以看到，OSPF 已经学习到所有网络的路由。

扫一扫，看视频

2.3　湖南某健康产业集团路由配置项目案例

1. 项目拓扑

湖南某健康产业集团项目拓扑如图 2-8 所示。

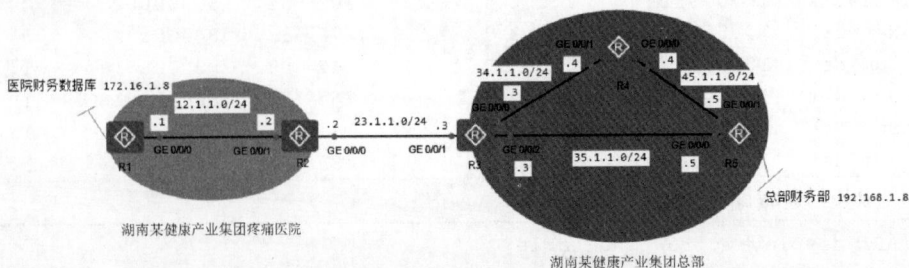

图 2-8　湖南某健康产业集团项目拓扑

2. 项目需求

（1）按图 2-8 配置 IP 地址。

（2）湖南某健康产业集团总部部署 OSPF。

（3）湖南某健康产业集团部署静态路由。

（4）实现总部财务部可以访问医院财务数据库。

3. 实验步骤

1）配置 IP 地址

（1）配置 R1 的 IP 地址。

```
[Huawei]sysname R1
[R1]interface ge0/0/0
[R1-GigabitEthernet0/0/0]ip address 12.1.1.1 24
[R1-GigabitEthernet0/0/0]quit
[R1]interface LoopBack 1
[R1-LoopBack1]ip address 172.16.1.8 24
[R1-LoopBack1]quit
```

（2）配置 R2 的 IP 地址。

```
<Huawei>system-view
Enter system view, return user view with Ctrl+Z
[Huawei]undo info-center enable
[Huawei]sysname R2
[R2]interface ge0/0/1
[R2-GigabitEthernet0/0/1]ip address 12.1.1.2 24
[R2-GigabitEthernet0/0/1]interface ge0/0/0
[R2-GigabitEthernet0/0/0]ip address 23.1.1.2 24
[R2-GigabitEthernet0/0/0]quit
```

（3）配置 R3 的 IP 地址。

```
<Huawei> system-view
Enter system view, return user view with Ctrl+Z
[Huawei]undo info-center enable
Info: Information center is disabled
[Huawei]sysname R3
[R3]interface ge0/0/0
[R3-GigabitEthernet0/0/0]ip address 34.1.1.3 24
[R3-GigabitEthernet0/0/0]interface ge0/0/2
[R3-GigabitEthernet0/0/2]ip address 35.1.1.3 24
[R3-GigabitEthernet0/0/2]interface ge0/0/1
[R3-GigabitEthernet0/0/1]ip address 23.1.1.30 24
[R3-GigabitEthernet0/0/1]quit
```

（4）配置 R4 的 IP 地址。

```
<Huawei>system-view
Enter system view, return user view with Ctrl+Z
```

```
[Huawei]undo info-center enable
Info: Information center is disabled
[Huawei]sysname R4
[R4]interface ge0/0/1
[R4-GigabitEthernet0/0/1]ip address 34.1.1.4 24
[R4-GigabitEthernet0/0/1]interface ge0/0/0
[R4-GigabitEthernet0/0/0]ip address 45.1.1.4 24
[R4-GigabitEthernet0/0/0]quit
```

（5）配置 R5 的 IP 地址。

```
<Huawei>system-view
Enter system view, return user view with Ctrl+Z
[Huawei]undo info-center enable
[Huawei]sysname R5
[R5]interface ge0/0/1
[R5-GigabitEthernet0/0/1]ip address 45.1.1.5 24
[R5-GigabitEthernet0/0/1]interface ge0/0/0
[R5-GigabitEthernet0/0/0]ip address 35.1.1.5 24
[R5-GigabitEthernet0/0/0]quit
```

2）配置 OSPF

（1）配置 R3 的 OSPF。

```
[R3]ospf router-id 3.3.3.3                               //配置 router-id
[R3-ospf-1]area 0                                        //进入 area 0
[R3-ospf-1-area-0.0.0.0]network 34.1.1.0 0.0.0.255       //宣告 34.1.1.0/24 网段
[R3-ospf-1-area-0.0.0.0]network 35.1.1.0 0.0.0.255
[R3-ospf-1-area-0.0.0.0]quit
[R3-ospf-1]quit
```

（2）配置 R4 的 OSPF。

```
[R4]ospf router-id 4.4.4.4
[R4-ospf-1]area 0
[R4-ospf-1-area-0.0.0.0]network 34.1.1.0 0.0.0.255
[R4-ospf-1-area-0.0.0.0]network 45.1.1.0 0.0.0.255
[R4-ospf-1-area-0.0.0.0]quit
[R4-ospf-1]quit
```

（3）配置 R5 的 OSPF。

```
[R5]ospf router-id 5.5.5.5
[R5-ospf-1]area 0
[R5-ospf-1-area-0.0.0.0]network 45.1.1.0 0.0.0.255
[R5-ospf-1-area-0.0.0.0]network 35.1.1.0 0.0.0.255
[R5-ospf-1-area-0.0.0.0]quit
[R5-ospf-1]quit
```

3）引入直连路由

（1）在 R1 上创建 LoopBack1，代表医院财务部数据库。

```
[R1]interface LoopBack 1
```

```
[R1-LoopBack1]ip address 172.16.1.8 24
[R1-LoopBack1]quit
```

（2）在 R5 上创建 LoopBack1，代表总部财务部。

```
[R5]interface LoopBack 1
[R5-LoopBack1]ip address 192.168.1.8 24
[R5-LoopBack1]quit
[R5]ospf
[R5-ospf-1]import-route direct                  //将直连路由引入 OSPF
[R5-ospf-1]quit
```

4）配置静态路由

配置静态路由，实现总部和分院的互联互通。

```
[R1]ip route-static 0.0.0.0 0 12.1.1.2         //配置默认路由去往 area 0
[R2]ip route-static 0.0.0.0 0 23.1.1.3
[R3]ip route-static 12.1.1.0 24 23.1.1.2       //配置静态路由去往疼痛医院
[R2]ip route-static 172.16.1.0 24 12.1.1.1
[R5]ip route-static 172.16.1.0 24 34.1.1.3
```

5）实验调试

（1）在 R5 上 ping 172.16.1.8，可以看到能 ping 通。

```
[R5]ping 172.16.1.8
  PING 172.16.1.8: 56  data bytes, press CTRL_C to break
    Reply from 172.16.1.8: bytes=56 Sequence=1 ttl=253 time=90 ms
    Reply from 172.16.1.8: bytes=56 Sequence=2 ttl=253 time=100 ms
    Reply from 172.16.1.8: bytes=56 Sequence=3 ttl=253 time=60 ms
    Reply from 172.16.1.8: bytes=56 Sequence=4 ttl=253 time=60 ms
    Reply from 172.16.1.8: bytes=56 Sequence=5 ttl=253 time=60 ms
  --- 172.16.1.8 ping statistics ---
    5 packet(s) transmitted
    5 packet(s) received
    0.00% packet loss
round-trip min/avg/max = 60/74/100 ms
```

（2）在 R1 上 ping 192.168.1.8，可以看到能 ping 通。

```
[R1]ping 192.168.1.8
  PING 192.168.1.8: 56  data bytes, press CTRL_C to break
    Reply from 192.168.1.8: bytes=56 Sequence=1 ttl=253 time=100 ms
    Reply
6 Sequence=3 ttl=254 time=60 ms
    Reply from 12.1.1.2: bytes=56 Sequence=4 ttl=254 time=70 ms
    Reply from 12.1.1.2: bytes=56 Sequence=5 ttl=254 time=100 ms

  --- 12.1.1.2 ping statistics ---
    5 packet(s) transmitted
    5 packet(s) received
    0.00% packet loss
    round-trip min/avg/max = 50/74/100 ms
    round-trip min/avg/max = 50/66/90 ms
```

‖ 第 3 章 ‖

企业级交换网络项目案例

构建企业级交换网络项目时，常用的协议有 ARP、VLAN、以太网通道、STP、VRRP。本章通过三个项目案例让读者掌握这些协议在实际工作中的应用。

- ➥ 某政府单位 ARP 攻击发现和处理项目实例
- ➥ 某电商企业 VLAN 和以太网通道及 STP 的部署项目案例
- ➥ VRRP+MSTP 部署项目案例

3.1 某政府单位 ARP 攻击发现和处理项目实例

1. 项目拓扑

某政府单位地址解析协议（Address Resolution Protocol，ARP）攻击发现和处理项目拓扑如图 3-1 所示。

图 3-1 某政府单位 ARP 攻击发现和处理项目拓扑

其中，云的配置如图 3-2 所示。

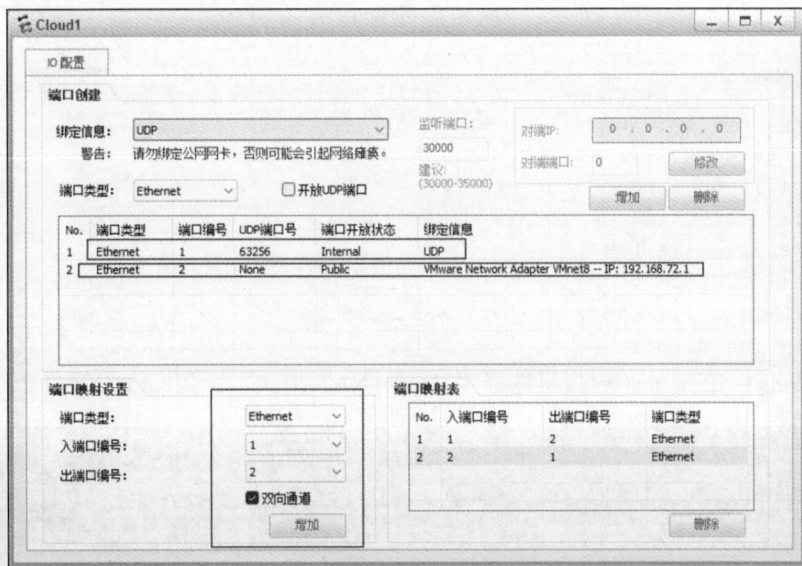

图 3-2 云的配置

2. 项目需求

（1）单位的设备受到了黑客攻击，检测出来是 ARP 攻击。

（2）在交换机上进行合适的配置，一旦检测到攻击，马上关闭接口。

3. 实验步骤

（1）配置 IP 地址。

① 配置 PC1 如图 3-3 所示。

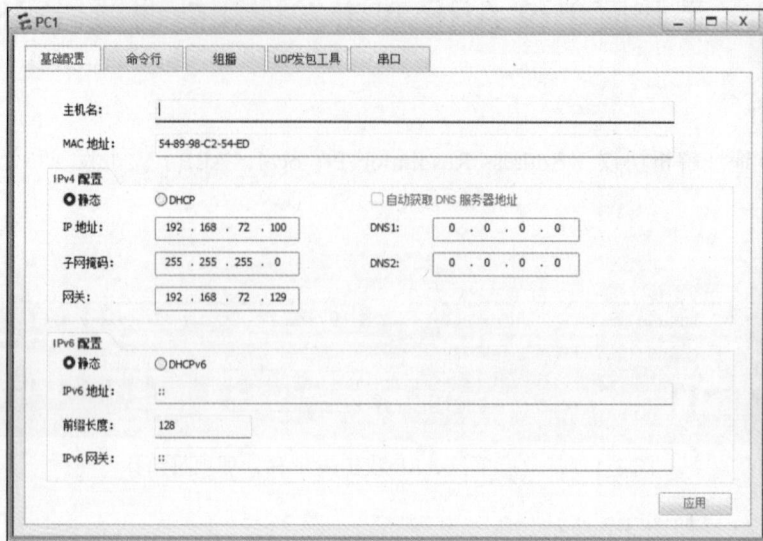

图 3-3　配置 PC1

② 配置 LSW1。

```
<Huawei>system-view
Enter system view, return user view with Ctrl+Z
[Huawei]undo info-center enable
Info: Information center is disabled
[Huawei]sysname LSW1
[LSW1]interface vlanif 1
[LSW1-vlanif1]IP address 192.168.72.88 24
[LSW1-vlanif1]quit
```

③ 配置攻击者 IP 地址（虚拟机选择 VMnet 8 NAT 模式），如图 3-4 所示。

图 3-4　配置攻击者 IP 地址

（2）在 PC1 上访问 192.168.72.88，并查看 APR 表，结果如图 3-5 所示，可以看到 PC1 记录的 192.168.72.88 的 MAC 地址为 4C-1F-CC-15-2C-21。

（3）在黑客设备上攻击网络，如图 3-6 所示。

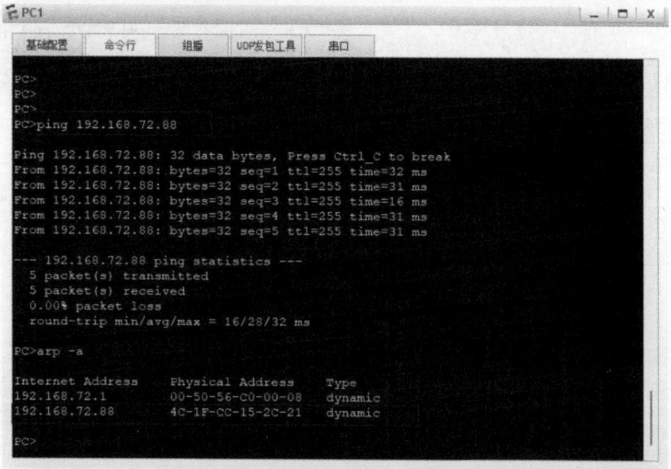

图 3-5　PC1 上的操作

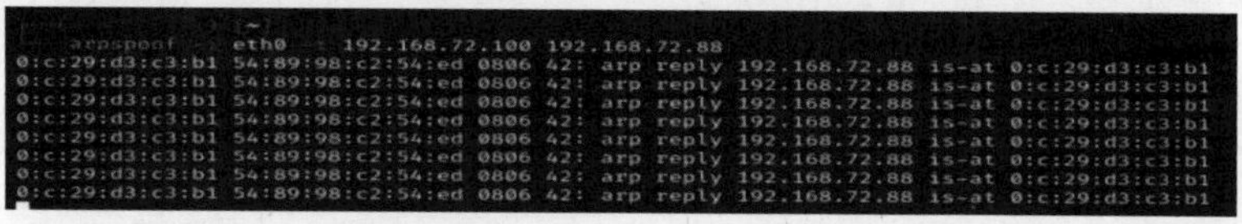

图 3-6　在黑客设备上攻击网络

（4）在 PC1 上查看 MAC 地址表的变化，结果如图 3-7 所示，可以看到 192.168.72.88 的 MAC 地址发生了变化。

在 PC1 上访问 192.168.72.88，结果如图 3-8 所示，可以看到现在不能访问网关。

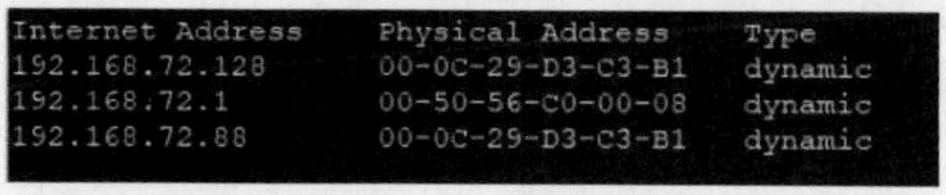

图 3-7　PC1 的 MAC 地址表

图 3-8　在 PC1 上访问 192.168.72.88

（5）攻击防范。

① 在 LSW1 上开启端口安全。

```
[LSW1]interface ge0/0/1                                       //进入到接口 ge0/0/1
[LSW1-GigabitEthernet0/0/1]port-security enable               //开启端口安全
[LSW1-GigabitEthernet0/0/1]port-security max-mac-num 1
//接口学习的安全 MAC 地址限制数量为 1
[LSW1-GigabitEthernet0/0/1]port-security protect-action restrict
//违反规则，丢弃并报警
```

注：也可以使用 shutdown，直接关闭接口。

② 在黑客设备上再次发起攻击网络，如图 3-9 所示。

③ 在 PC1 上查看 ARP 表，并访问 192.168.72.88，结果如图 3-10 所示，可以看到攻击者的方法未生效。

图 3-9   在黑客设备上再次攻击网络

图 3-10   在 PC1 测试攻击效果

备注：在实际工作中，可以为交换机设置端口安全。如果计算机中了 ARP 病毒，则用相应的杀毒软件就能解决。

3.2   某电商企业 VLAN 和以太网通道及 STP 的部署项目案例

扫一扫，看视频

1. 项目拓扑

某电商企业项目拓扑如图 3-11 所示。

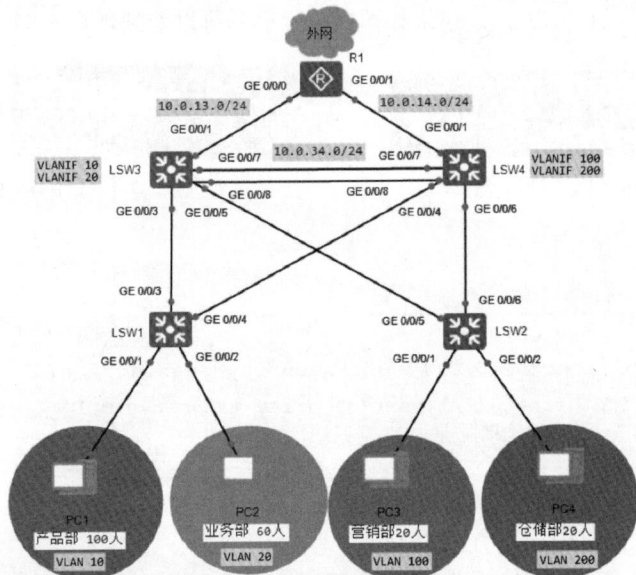

图 3-11   某电商企业项目拓扑

IP 地址规划如表 3-1 所示。

表 3-1　IP 地址规划

部门	IP 网段	网关	所属 VLAN
产品部	192.168.2.0/24	192.168.2.1	10
业务部	192.168.1.0/25	192.168.1.2	20
营销部	192.168.1.32/27	192.168.1.33	100
仓储部	192.168.1.0/27	192.168.1.1	200

2. 项目需求

（1）按图 3-1 配置 IP 地址。

（2）划分 VLAN，设置 DHCP。

（3）进行链路聚合并开启生成树。

（4）配置 OSPF，实现网络互联互通。

3. 实验步骤

1）划分 VLAN

（1）在 LSW1 上创建 VLAN，并将对应接口划入 VLAN 10 和 VLAN 20，其他链路设置为 Trunk 类型。

```
<Huawei>system-view
[Huawei]undo info-center enable
[Huawei]sysname sw1

[LSW1]vlan batch 10 20 100 200

[LSW1]interface ge0/0/1
[LSW1-GigabitEthernet0/0/1]port link-type access
[LSW1-GigabitEthernet0/0/1]port default vlan 10
[LSW1-GigabitEthernet0/0/1]quit

[LSW1]interface ge0/0/2
[LSW1-GigabitEthernet0/0/2]port link-type access
[LSW1-GigabitEthernet0/0/2]port default vlan 20
[LSW1-GigabitEthernet0/0/2]quit

[LSW1]interface ge0/0/3
[LSW1-GigabitEthernet0/0/3]port link-type trunk
[LSW1-GigabitEthernet0/0/3]port trunk allow-pass vlan all
[LSW1-GigabitEthernet0/0/3]quit

[LSW1]interface ge0/0/4
[LSW1-GigabitEthernet0/0/4]port link-type trunk
[LSW1-GigabitEthernet0/0/4]port trunk allow-pass vlan all
[LSW1-GigabitEthernet0/0/4]quit
```

（2）在 LSW2 上创建 VLAN，并将对应接口划入 VLAN 100 和 VLAN 200，其他链路设置为 Trunk 类型。

```
<Huawei>system-view
[Huawei]undo info-center enable
[Huawei]sysname sw2

[LSW2]vlan batch 10 20 100 200

[LSW2]interface ge0/0/1
[LSW2-GigabitEthernet0/0/1]port link-type access
[LSW2-GigabitEthernet0/0/1]port default vlan 100
[LSW2-GigabitEthernet0/0/1]quit

[LSW2]interface ge0/0/2
[LSW2-GigabitEthernet0/0/2]port link-type access
[LSW2-GigabitEthernet0/0/2]port default vlan 200
[LSW2-GigabitEthernet0/0/2]quit

[LSW2]interface ge0/0/6
[LSW2-GigabitEthernet0/0/6]port link-type trunk
[LSW2-GigabitEthernet0/0/6]port trunk allow-pass vlan all
[LSW2-GigabitEthernet0/0/6]quit

[LSW2]interface ge0/0/5
[LSW2-GigabitEthernet0/0/5]port link-type trunk
[LSW2-GigabitEthernet0/0/5]port trunk allow-pass vlan all
[LSW2-GigabitEthernet0/0/5]quit
```

2）在 LSW3 和 LSW4 上进行基于接口的 DHCP

（1）配置 LSW3。

```
<Huawei>system-view
[Huawei]undo info-center enable
[Huawei]sysname sw3

[LSW3]vlan batch 10 20 100 200

[LSW3]interface vlanif 10
[LSW3-vlanif10]ip address 192.168.2.1 24
[LSW3-vlanif10]quit

[LSW3]interface vlanif 20
[LSW3-vlanif20]ip address 192.168.1.2 25
[LSW3-vlanif20]quit

[LSW3]dhcp enable                              //使能 DHCP
```

```
[LSW3]interface vlanif 10
[LSW3-vlanif10]dhcp select interface        //选择基于接口方式
[LSW3-vlanif10]quit

[LSW3]interface vlanif 20
[LSW3-vlanif20]dhcp select interface
[LSW3-vlanif20]quit

[LSW3]interface ge0/0/3
[LSW3-GigabitEthernet0/0/3]port link-type trunk
[LSW3-GigabitEthernet0/0/3]port trunk allow-pass vlan all
[LSW3-GigabitEthernet0/0/3]quit

[LSW3]interface ge0/0/5
[LSW3-GigabitEthernet0/0/5]port link-type trunk
[LSW3-GigabitEthernet0/0/5]port trunk allow-pass vlan all
[LSW3-GigabitEthernet0/0/5]quit
```

（2）配置 LSW4。

```
<Huawei>system-view
[Huawei]undo info-center enable
[Huawei]sysname sw4

[LSW4]vlan batch 10 20 100 200

[LSW4]interface vlanif 100
[LSW4-vlanif100]ip address 192.168.1.33 27
[LSW4-vlanif100]quit

[LSW4]interface vlanif 200
[LSW4-vlanif200]ip address 192.168.1.1 27
[LSW4-vlanif200]quit

[LSW4]dhcp enable
[LSW4]interface vlanif 100
[LSW4-vlanif100]dhcp select interface
[LSW4-vlanif100]quit

[LSW4]interface vlanif 200
[LSW4-vlanif200]dhcp select interface
[LSW4-vlanif200]quit

[LSW4]interface ge0/0/6
[LSW4-GigabitEthernet0/0/6]port link-type trunk
[LSW4-GigabitEthernet0/0/6]port trunk allow-pass  vlan all
[LSW4-GigabitEthernet0/0/6]quit
```

```
[LSW4]interface ge0/0/4
[LSW4-GigabitEthernet0/0/4]port link-type trunk
[LSW4-GigabitEthernet0/0/4]port trunk allow-pass vlan all
[LSW4-GigabitEthernet0/0/4]quit
```

3）开启交换机 STP

开启交换机 STP（Spanning Tree Protocol，生成树协议）。

```
[LSW1]stp mode stp
```

其他交换机配置与此相同，不再赘述。

在 LSW1 上查看 STP 的信息，可以看到 SW1 的 GE 0/0/2 接口阻塞。

```
[LSW1]display stp brief
 MSTID  Port                      Role  STP State    Protection
   0    GigabitEthernet0/0/1      DESI  FORWARDING   NONE
   0    GigabitEthernet0/0/2      DESI  FORWARDING   NONE
   0    GigabitEthernet0/0/3      ROOT  FORWARDING   NONE
   0    GigabitEthernet0/0/4      ALTE  DISCARDING   NONE
```

4）配置链路聚合

（1）配置 LSW3。

```
[LSW3]interface Eth-Trunk 1
[LSW3-Eth-Trunk1]mode lacp-static
[LSW3-Eth-Trunk1]trunkport GigabitEthernet 0/0/7 to 0/0/8
[LSW3-Eth-Trunk1]port link-type trunk
[LSW3-Eth-Trunk1]port trunk allow-pass  vlan all
[LSW3-Eth-Trunk1]quit
```

（2）配置 LSW4。

```
[LSW4]interface Eth-Trunk 1
[LSW4-Eth-Trunk1]mode lacp-static
[LSW4-Eth-Trunk1]trunkport GigabitEthernet 0/0/7 to 0/0/8
Info: This operation may take a few seconds. Please wait for a moment...done
[LSW4-Eth-Trunk1]port link-type trunk
[LSW4-Eth-Trunk1]port trunk allow-pass vlan all
[LSW4-Eth-Trunk1]quit
```

在 LSW4 上查看 eth-trunk 的信息，可以看到 eth-trunk 设置成功。

```
[LSW4]display eth-trunk
Eth-Trunk1's state information is:
Local:
LAG ID: 1                        WorkingMode: STATIC
Preempt Delay: Disabled          Hash arithmetic: According to SIP-XOR-DIP
System Priority: 32768           System ID: 4c1f-cc38-229e
Least Active-linknumber: 1       Max Active-linknumber: 8
Operate status: up               Number Of Up Port In Trunk: 2
--------------------------------------------------------------------------
ActorPortName           Status      PortType PortPri PortNo PortKey PortState Weight
GigabitEthernet0/0/7 Selected 1GE 32768    8        305    10111100 1
```

```
GigabitEthernet0/0/8 Selected 1GE 32768  9      305    10111100  1
```

5）配置三层 IP 地址并运行 OSPF

（1）配置 IP 地址。

① 配置 SW3 的 IP 地址。

```
[LSW3]interface vlanif 1
[LSW3-vlanif1]ip address 192.168.1.66 30

[LSW3]vlan 2
[LSW3-vlan2]quit
[LSW3]interface vlanif 2
[LSW3-vlanif2]ip address 192.168.1.129 30
[LSW3-vlanif2]quit
```

② 配置 SW4 的 IP 地址。

```
[LSW4]interface vlanif 1
[LSW4-vlanif1]ip address 192.168.1.98 30
[LSW4]vlan2
[LSW4-vlan2]quit
[LSW4]interface vlanif 2
[LSW4-vlanif2]ip address 192.168.1.130 30
[LSW4-vlanif2]quit
```

③ 配置 R1 的 IP 地址。

```
<Huawei>system-view
[Huawei]undo info-center enable
[Huawei]sysname R1

[R1]interface ge0/0/0
[R1-GigabitEthernet0/0/0]ip address 192.168.1.65 30
[R1-GigabitEthernet0/0/0]quit

[R1]interface ge0/0/1
[R1-GigabitEthernet0/0/1]ip address 192.168.1.97 30
[R1-GigabitEthernet0/0/1]quit
```

（2）使能 OSPF。

①配置 SW3。

```
[LSW3]ospf router-id 3.3.3.3
[LSW3-ospf-1]area 0
[LSW3-ospf-1-area-0.0.0.0]network 192.168.1.128 0.0.0.3
[LSW3-ospf-1-area-0.0.0.0]network 192.168.1.64 0.0.0.3
[LSW3-ospf-1-area-0.0.0.0]quit
[LSW3-ospf-1]quit
```

②配置 SW4。

```
[LSW4]ospf router-id 4.4.4.4
```

```
[LSW4-ospf-1]area 0
[LSW4-ospf-1-area-0.0.0.0]network 192.168.1.96 0.0.0.3
[LSW4-ospf-1-area-0.0.0.0]network 192.168.1.128 0.0.0.3
[LSW4-ospf-1-area-0.0.0.0]q
[LSW4-ospf-1]quit
```

③配置 R1。

```
[R1]ospf router-id 1.1.1.1
[R1-ospf-1]area 0
[R1-ospf-1-area-0.0.0.0]network 192.168.1.96 0.0.0.3
[R1-ospf-1-area-0.0.0.0]network 192.168.1.64 0.0.0.3
```

6）实验调试

（1）查看主机是否获取到 IP 地址。

在 PC1 上查看 IP 地址，如图 3-12 所示。

图 3-12　在 PC1 上查看 IP 地址

在 PC2 上查看 IP 地址，如图 3-13 所示。

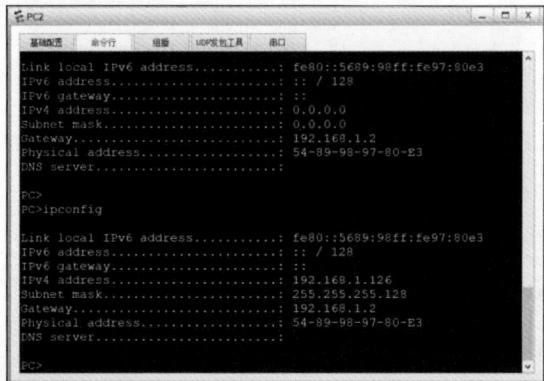

图 3-13　在 PC2 上查看 IP 地址

从以上输出可以看到，PC1 和 PC2 都获取到了 IP 地址。

（2）在 PC1 上访问 R1，结果如图 3-14 所示，可以看到 PC1 可以访问 PC2。

图 3-14　在 PC1 上访问 R1

3.3　VRRP+MSTP 部署项目案例

扫一扫，看视频

1. 项目拓扑

VRRP+MSTP 项目拓扑如图 3-15 所示。

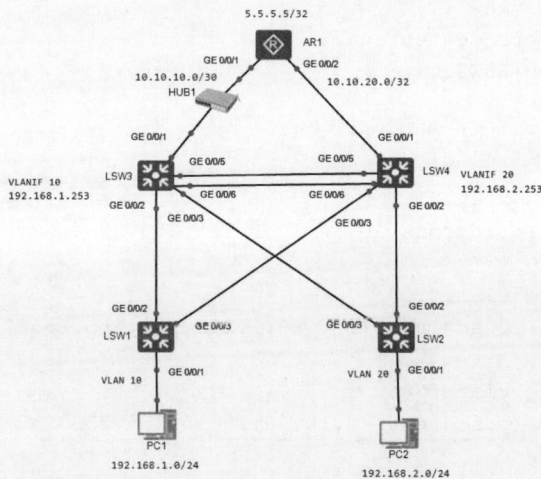

图 3-15　VRRP+MSTP 项目拓扑

2. 项目需求

（1）按图 3-15 配置 IP 地址。

（2）划分 VLAN，实现 VLAN 间互联互通。配置链路聚合，增大链路带宽。

（3）运行 OSPF，实现 PC1 访问 5.5.5.5（外网）。

（4）配置 VRRP 和 MSTP。

（5）实验调试。

3. 实验步骤

1）划分并配置 IP 地址

（1）配置 AR1。

```
<Huawei>system-view
[Huawei]undo info-center enable
[AR1]sysname AR1

[AR1]interface ge0/0/1
[AR1-GigabitEthernet0/0/1]ip address 10.10.10.1 30
[AR1-GigabitEthernet0/0/1]quit

[AR1]interface ge0/0/2
[AR1-GigabitEthernet0/0/2]ip address 10.10.20.1 30
[AR1-GigabitEthernet0/0/2]quit

[AR1]interface LoopBack 0
[AR1-LoopBack0]ip address 5.5.5.5 24
[AR1-LoopBack0]quit
```

（2）配置 LSW3。

```
<Huawei>system-view
[Huawei]undo info-center enable
[Huawei]sysname LSW3

[LSW3]vlan batch  10 20 30

[LSW3]interface vlanif1
[LSW3-vlanif1]ip address 10.10.10.2 255.255.255.252

[LSW3]interface vlanif10
[LSW3-vlanif10]ip address 192.168.1.253 255.255.255.0

[LSW3]interface vlanif30
[LSW3-vlanif30]ip address 10.10.30.1 255.255.255.252
```

（3）配置 LSW4。

```
<Huawei>system-view
[Huawei]undo info-center enable
[Huawei]sysname LSW4

[LSW4]vlan batch 10 20 30
```

```
[LSW4]interface vlanif 20
[LSW4-vlanif20]ip address 192.168.2.253 24
[LSW4-vlanif20]quit

[LSW4]interface vlanif 30
[LSW4-vlanif30]ip address 10.10.30.2 30
[LSW4-vlanif30]quit

[LSW4]interface  vlanif 1
[LSW4-vlanif1]ip address 10.10.20.2 30
[LSW4-vlanif1]quit
```

2）划分 VLAN 并配置链路聚合

（1）在 LSW1 上创建 VLAN，将接口 GE0/0/1 划入 vlan 10，将 GE0/0/2 与 GE0/0/3 中间的链路类型设置为 Trunk。

```
<Huawei>system-view
[Huawei]undo info-center enable
[Huawei]sysname LSW1

[LSW1]vlan batch 10 20 30

[LSW1]interface ge0/0/1
[LSW1-GigabitEthernet0/0/1]port link-type access
[LSW1-GigabitEthernet0/0/1]port default vlan 10
[LSW1-GigabitEthernet0/0/1]quit

[LSW1]interface ge0/0/2
[LSW1-GigabitEthernet0/0/2]port link-type trunk
[LSW1-GigabitEthernet0/0/2]port trunk allow-pass vlan all
[LSW1-GigabitEthernet0/0/2]quit

[LSW1]interface  ge0/0/3
[LSW1-GigabitEthernet0/0/3]port link-type trunk
[LSW1-GigabitEthernet0/0/3]port trunk allow-pass vlan all
[LSW1-GigabitEthernet0/0/3]quit
```

注：LSW2、LSW1 请读者自行配置。

（2）在 LSW4 上进行链路聚合，其他链路配置为 Trunk。

```
[LSW4]interface Eth-Trunk 1
[LSW4-Eth-Trunk1]mode lacp-static
[LSW4-Eth-Trunk1]trunkport GigabitEthernet 0/0/5 to 0/0/6
[LSW4-Eth-Trunk1]port link-type trunk
[LSW4-Eth-Trunk1]port trunk allow-pass vlan all
[LSW4-Eth-Trunk1]quit

[LSW4]interface ge0/0/2
[LSW4-GigabitEthernet0/0/2]port link-type trunk
```

```
[LSW4-GigabitEthernet0/0/2]port trunk allow-pass vlan all
[LSW4-GigabitEthernet0/0/2]quit

[LSW4]interface  ge0/0/3
[LSW4-GigabitEthernet0/0/3]port link-type trunk
[LSW4-GigabitEthernet0/0/3]port trunk allow-pass vlan all
[LSW4-GigabitEthernet0/0/3]quit
```

注：LSW3 与 LSW4 配置相同。

3）运行 OSPF，实现网络互联互通

（1）配置 LSW3。

```
[LSW3]ospf
[LSW3-ospf-1]area 0
[LSW3-ospf-1-area-0.0.0.0]network 10.10.10.0 0.0.0.3
[LSW3-ospf-1-area-0.0.0.0]network 10.10.30.0 0.0.0.3
```

（2）配置 LSW4。

```
[LSW4]ospf
[LSW4-ospf-1]area 0
[LSW4-ospf-1-area-0.0.0.0]network 10.10.20.0 0.0.0.3
[LSW4-ospf-1-area-0.0.0.0]network 10.10.30.0 0.0.0.3
```

（3）配置 AR1。

```
[AR1]ospf
[AR1-ospf-1]area 0
[AR1-ospf-1-area-0.0.0.0]network 5.5.5.0 0.0.0.255
[AR1-ospf-1-area-0.0.0.0]network 10.10.20.0 0.0.0.3
[AR1-ospf-1-area-0.0.0.0]network 10.10.10.0 0.0.0.3
```

4）配置 VRRP 和 MSTP

在 LSW3 和 LSW4 上配置 VRRP（Virtual Router Redundancy Protocol，虚拟路由冗余协议），实现多网关负载分担，并配置 MSTP（Multiple Spanning Tree Protocol，多生成树协议）。

（1）配置 LSW3。

```
[LSW3]interface vlanif 10
[LSW3-vlanif10]vrrp vrid 1 virtual-ip 192.168.1.254
//虚拟路由器的标识符为1，虚拟 IP 为192.168.1.254
[LSW3-vlanif10]vrrp vrid 1 priority 120        //优先级设置为120，默认为1
[LSW3-vlanif10]vrrp vrid 1 track interface GigabitEthernet 0/0/1 reduced 30
//抢占时间，延迟时间为20s，默认为0
[LSW3-vlanif10]quit

[LSW3]interface vlanif 20
[LSW3-vlanif20]vrrp vrid 2 virtual-ip 192.168.2.254
[LSW3-vlanif20]quit

[LSW3]stp enable                                //启用 STP，默认配置
```

```
[LSW3]stp  mode mstp                                //STP 的模式为 MSTP，默认配置
[LSW3]stp region-configuration                      //进入 MST 域视图
[LSW3-mst-region]region-name vrrp                   //MSTP 的域名为 vrrp
[LSW3-mst-region]instance 1 vlan 10                 //实例 1 关联 VLAN 10
[LSW3-mst-region]instance 2 vlan 20                 //实例 2 关联 VLAN 20
[LSW3-mst-region]active region-configuration        //激活 MST 域的配置
[LSW3-mst-region]quit

[LSW3]stp instance 1 root primary
[LSW3]stp instance 2 root secondary
```

在 LSW3 上查看 VRRP 信息。

```
[LSW3]dis vrrp brief
VRID  State      Interface           Type       Virtual IP
------------------------------------------------------------------
1     Master     vlanif10            Normal     192.168.1.254
2     Master     vlanif20            Normal     192.168.2.254
------------------------------------------------------------------

Total:2    Master:2    Backup:0    Non-active:0
[LSW3] User interface con0 is available
```

（2）配置 LSW4。

```
[LSW4]interface vlanif 10
[LSW4-vlanif10]vrrp vrid 1 virtual-ip 192.168.1.254
[LSW4-vlanif10]vrrp vrid 1 priority 100
[LSW4-vlanif10]quit

[LSW4]interface vlanif 20
[LSW4-vlanif20]vrrp vrid 2 virtual-ip 192.168.2.254
[LSW4-vlanif20]quit

[LSW4]stp enable
[LSW4]stp mode mstp
[LSW4]stp region-configuration
[LSW4-mst-region]region-name vrrp
[LSW4-mst-region]instance 1 vlan 10
[LSW4-mst-region]instance 2 vlan 20
[LSW4-mst-region]quit

[LSW4]stp instance 1 root secondary
[LSW4]stp instance 2 root primary
```

在 LSW4 上查看 VRRP 信息。

```
[LSW4]dis vrrp brief
VRID  State      Interface           Type       Virtual IP
------------------------------------------------------------------
1     Backup     vlanif10            Normal     192.168.1.254
```

```
2      Backup      vlanif20              Normal    192.168.2.254
       --------------------------------------------------------------
Total:2    Master:0    Backup:2    Non-active:0
```

4. 实验调试

在 PC1 上访问 5.5.5.5，结果如图 3-16 所示，可以看到 PC 2 访问 5.5.5.5 时经过了 LSW3。

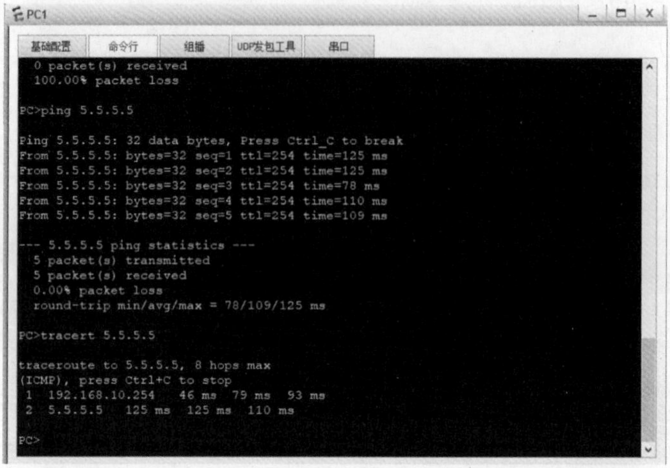

图 3-16　在 PC1 上访问 5.5.5.5

‖ 第 4 章 ‖

企业级安全项目案例

本章主要通过以下两个项目案例让读者掌握 ACL 和 AAA 在企业项目中的应用。

➥ 某电商企业 ACL 配置项目案例
➥ 某政府企业 AAA 配置项目案例

4.1 某电商企业 ACL 配置项目案例

1. 项目拓扑

某电商企业项目拓扑如图 4-1 所示。

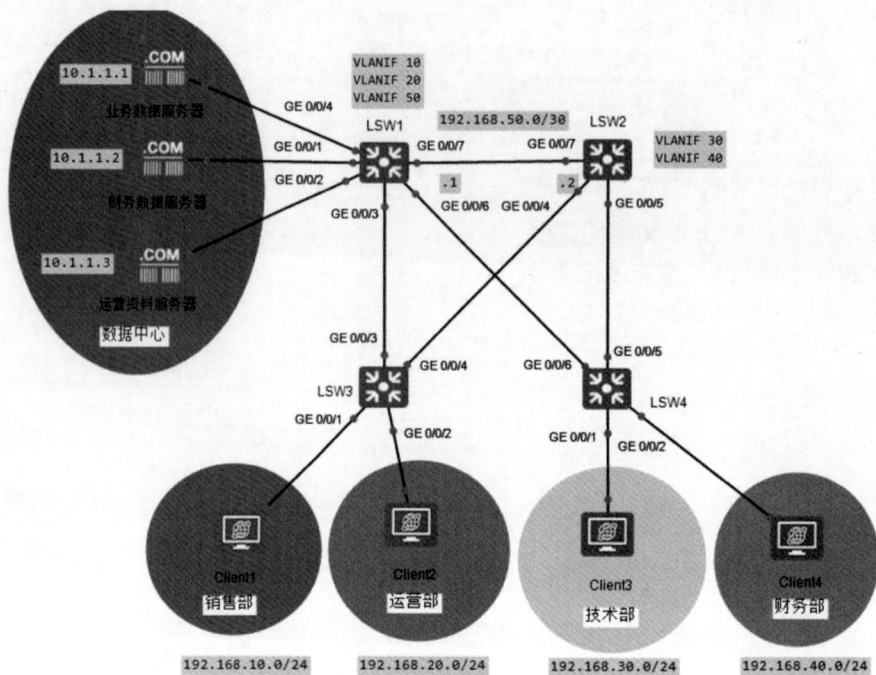

图 4-1 某电商企业项目拓扑

IP 地址规划如表 4-1 所示。

表 4-1 IP 地址规划

部门	IP 网段	网关	所属 VLAN
销售部	192.168.10.0/24	192.168.10.254	10
运营部	192.168.20.0/24	192.168.20.254	20
技术部	192.168.30.0/24	192.168.30.254	30
财务部	192.168.40.0/24	192.168.40.254	40
服务器	10.1.1.0/24	10.1.1.254	50

2. 项目需求

（1）按图 4-1 配置 IP 地址。

（2）划分 VLAN 并实现 VLAN 之间的互联互通。

（3）配置静态路由，实现网络互联互通。

（4）配置 ACL，实现：销售部只能访问业务数据服务器，运营部只能访问运营资料服务器，财务部只能访问业务数据服务器和财务数据服务器，技术部可以访问所有服务器。

（5）实验调试。

3. 实验步骤

1）划分并配置 IP 地址

（1）配置服务器 IP 地址：在【企业数据服务器】界面中输入对应的 IP 地址、子网掩码和网关，单击【保存】按钮，如图 4-2 所示。其他服务器配置与此同理，不再赘述。

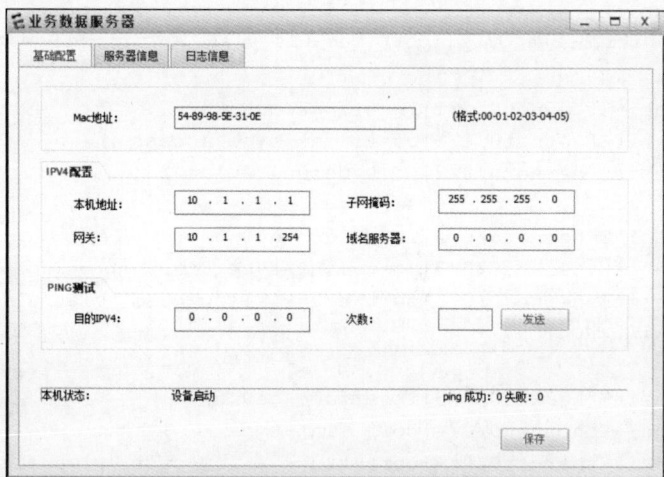

图 4-2　配置业务数据服务器 IP 地址

（2）配置销售端客户 IP 地址，如图 4-3 所示。

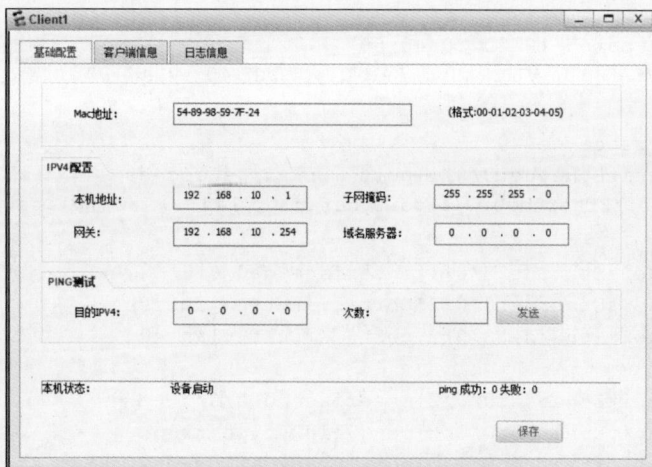

图 4-3　配置销售端客户机 IP 地址

2）划分 VLAN 并实现 VLAN 之间的互联互通

（1）在 LSW3 上创建 VLAN 10 和 VLAN 20，把 GE 0/0/1 划分到 VLAN 10，把 GE 0/0/2 划分到 VLAN 20，把 GE 0/0/3 和 GE 0/0/4 设置成 Trunk。

```
<Huawei>system-view
[Huawei]undo info-center enable
[Huawei]sysname LSW3

[LSW3]vlan batch 10 20 30 40 50
//批量创建 VLAN 10、VLAN 20、VLAN 30、VLAN 40、VLAN 50
[LSW3]interface ge0/0/1
[LSW3-GigabitEthernet0/0/1]port link-type access
[LSW3-GigabitEthernet0/0/1]port default vlan 10  //把接口 ge0/0/1 划分到 vlan 10

[LSW3-GigabitEthernet0/0/1]interface ge0/0/2
[LSW3-GigabitEthernet0/0/2]port link-type access
[LSW3-GigabitEthernet0/0/2]port default vlan 20

[LSW3-GigabitEthernet0/0/2]interface ge0/0/3
[LSW3-GigabitEthernet0/0/3]port link-type  trunk
[LSW3-GigabitEthernet0/0/3]port trunk allow-pass  vlan all
//允许所有 VLAN 报文通过

[LSW3-GigabitEthernet0/0/3]interface ge0/0/4
[LSW3-GigabitEthernet0/0/4]port link-type  trunk
[LSW3-GigabitEthernet0/0/4]port trunk allow-pass  vlan all
```

（2）在 LSW4 上创建 VLAN 30 和 VLAN 40，把 GE 0/0/1 划分到 VLAN 30，把 GE 0/0/2 划分到 VLAN 40，把 GE 0/0/5 和 GE 0/0/6 设置成 Trunk。

```
[Huawei]sysname LSW4

[LSW4]vlan batch 10 20 30 40 50
//批量创建 VLAN 10、VLAN 20、VLAN 30、VLAN 40、VLAN 50

[LSW4]interface ge0/0/1
[LSW4-GigabitEthernet0/0/1]port link-type access
[LSW4-GigabitEthernet0/0/1]port default vlan 30  //把接口 ge0/0/1 划分到 vlan 10

[LSW4-GigabitEthernet0/0/1]interface ge0/0/2
[LSW4-GigabitEthernet0/0/2]port link-type access
[LSW4-GigabitEthernet0/0/2]port default vlan 40

[LSW4-GigabitEthernet0/0/2]interface ge0/0/5
[LSW4-GigabitEthernet0/0/5]port link-type trunk
[LSW4-GigabitEthernet0/0/5]port trunk allow-pass vlan all
//允许所有 VLAN 报文通过
```

```
[LSW4-GigabitEthernet0/0/5]interface ge0/0/6
[LSW4-GigabitEthernet0/0/6]port link-type trunk
[LSW4-GigabitEthernet0/0/6]port trunk allow-pass vlan all
```

（3）在 LSW1 上创建 VLAN 10、VLAN 20、VLAN 30、VLAN 40、VLAN 50，把 GE 0/0/1、GE 0/0/2 和 GE 0/0/4 划分到 VLAN 50，把 GE 0/0/3 和 GE 0/0/6 设置成 Trunk，GE 0/0/7 与 VLANIF 1 接口关联，配置 IP 地址属于 192.168.50.1/30 网段。

```
[LSW1]vlan batch 10 20 30 40 50
//批量创建 VLAN 10、VLAN 20、VLAN 30、VLAN 40、VLAN 50

[LSW1]interface ge0/0/1
[LSW1-GigabitEthernet0/0/1]port link-type access
[LSW1-GigabitEthernet0/0/1]port default vlan 50

[LSW1-GigabitEthernet0/0/1]interface ge0/0/2
[LSW1-GigabitEthernet0/0/2]port link-type access
[LSW1-GigabitEthernet0/0/2]port default vlan 50

[LSW1-GigabitEthernet0/0/2]interface ge0/0/4
[LSW1-GigabitEthernet0/0/4]port link-type access
[LSW1-GigabitEthernet0/0/4]port default vlan 50

[LSW1-GigabitEthernet0/0/4]interface ge0/0/7
[LSW1-GigabitEthernet0/0/7]port link-type trunk
[LSW1-GigabitEthernet0/0/7]port trunk allow-pass vlan all
[LSW1-GigabitEthernet0/0/7]quit
[LSW1]interface vlanif 10
//创建 VLANIF 接口，并在 VLANIF 接口配置 IP 地址
[LSW1-vlanif10]ip address 192.168.10.254 24    //配置 IP 地址
[LSW1-vlanif10]quit

[LSW1]interface vlanif 20
[LSW1-vlanif20]ip address 192.168.20.254 24
[LSW1-vlanif20]quit

[LSW1]interface vlanif 50
[LSW1-vlanif50]ip address 10.1.1.254 24
[LSW1-vlanif50]quit

[LSW1]interface vlanif 1
[LSW1-vlanif1]ip add 192.168.50.1 30
[LSW1-vlanif1]quit

[LSW1]interface ge0/0/3
[LSW1-GigabitEthernet0/0/3]port link-type trunk
```

```
[LSW1-GigabitEthernet0/0/3]port trunk allow-pass vlan all

[LSW1-GigabitEthernet0/0/3]interface ge0/0/6
[LSW1-GigabitEthernet0/0/6]port link-type trunk
[LSW1-GigabitEthernet0/0/6]port trunk allow-pass vlan all
[LSW1-GigabitEthernet0/0/6]quit
```

（4）在 LSW2 上创建 VLAN 10、VLAN 20、VLAN 30、VLAN 40、VLAN 50，把 GE 0/0/3 和 GE 0/0/6 设置成 Trunk。创建 VLANIF 接口，实现不同 VLAN 之间的互联互通。GE 0/0/7 属于 VLAN1，VLANIF1 的 IP 地址为 192.168.50.1/30。

```
<Huawei>system-view
[Huawei]undo info-center enable
[Huawei]sysname LSW2

[LSW2]interface ge0/0/5
[LSW2-GigabitEthernet0/0/5]port link-type trunk
[LSW2-GigabitEthernet0/0/5]port trunk allow-pass vlan all

[LSW2-GigabitEthernet0/0/5]interface ge0/0/4
[LSW2-GigabitEthernet0/0/4]port link-type trunk
[LSW2-GigabitEthernet0/0/4]port trunk allow-pass vlan all

[LSW2-GigabitEthernet0/0/4]interface ge0/0/7
[LSW2-GigabitEthernet0/0/7]port link-type trunk
[LSW2-GigabitEthernet0/0/7]port trunk allow-pass vlan all
[LSW2-GigabitEthernet0/0/7]quit

[LSW2]vlan batch 10 20 30 40 50

[LSW2]interface vlanif 1
[LSW2-vlanif1]ip address 192.168.50.2 30
[LSW2-vlanif1]quit

[LSW2]interface vlanif 30
[LSW2-vlanif30]ip address 192.168.30.254 24
[LSW2-vlanif30]quit

[LSW2]interface vlanif 40
[LSW2-vlanif40]ip address 192.168.40.254 24
[LSW2-vlanif40]quit
```

3）配置静态路由，实现网络互联互通

（1）配置 LSW1 去往 VLAN 30 和 VLAN 40 的静态路由。

```
[LSW1]ip route-static 192.168.30.0 24 192.168.50.2   //去往 vlan 30 的静态路由
[LSW1]ip route-static 192.168.40.0 24 192.168.50.2
```

（2）配置 LSW2 去往 VLAN 10、VLAN 20 和 VLAN 50 的静态路由。

```
[LSW2]ip route-static 10.1.1.0 24 192.168.50.1
[LSW2]ip route-static 192.168.10.0 24 192.168.50.1
[LSW2]ip route-static 192.168.20.0 24 192.168.50.1
```

4）配置 ACL

（1）在 LSW1 上配置基本的 ACL（Access Control List，访问控制列表）。

```
[LSW1]acl 2000
[LSW1-acl-basic-2000]rule 5 deny source 192.168.20.0 0.0.0.255 //拒绝运营部访问
[LSW1-acl-basic-2000]quit
[LSW1]acl 2001
[LSW1-acl-basic-2001]rule 5 deny source 192.168.10.0 0.0.0.255
[LSW1-acl-basic-2001]rule 10 deny source 192.168.20.0 0.0.0.255
[LSW1-acl-basic-2001]quit
[LSW1]acl 2002
[LSW1-acl-basic-2002]rule 5 deny source 192.168.10.0 0.0.0.255
[LSW1-acl-basic-2002]rule 10 deny source 192.168.40.0 0.0.0.255
[LSW1-acl-basic-2002]quit
```

（2）在对应接口调用 ACL。

```
[LSW1]interface ge0/0/4
[LSW1-GigabitEthernet0/0/4]traffic-filter outbound acl 2000
//在 GE0/0/4 接口调用 ACL 2000
[LSW1-GigabitEthernet0/0/4]quit
[LSW1]interface ge0/0/1
[LSW1-GigabitEthernet0/0/1]traffic-filter outbound acl 2001
[LSW1-GigabitEthernet0/0/1]quit
[LSW1]interface ge0/0/2
[LSW1-GigabitEthernet0/0/2]traffic-filter outbound acl 2002
```

5）实验调试

测试销售部访问 10.1.1.1，如图 4-4 所示。

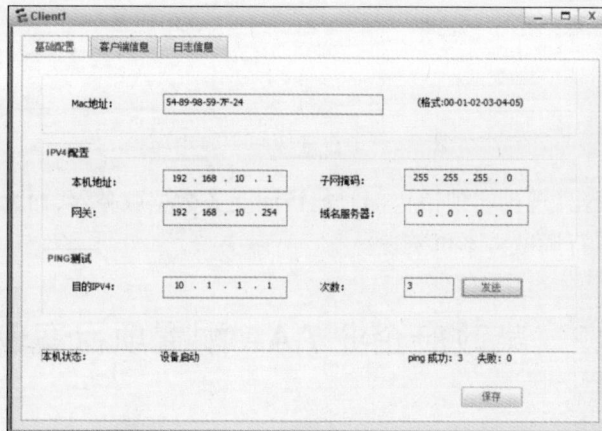

图 4-4 销售部访问 10.1.1.1

测试销售部访问 10.1.1.2，如图 4-5 所示。

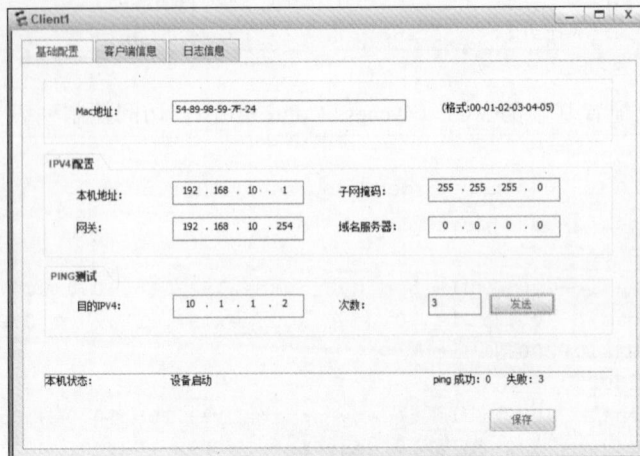

图 4-5　销售部访问 10.1.1.2

测试销售部访问 10.1.1.3，如图 4-6 所示。

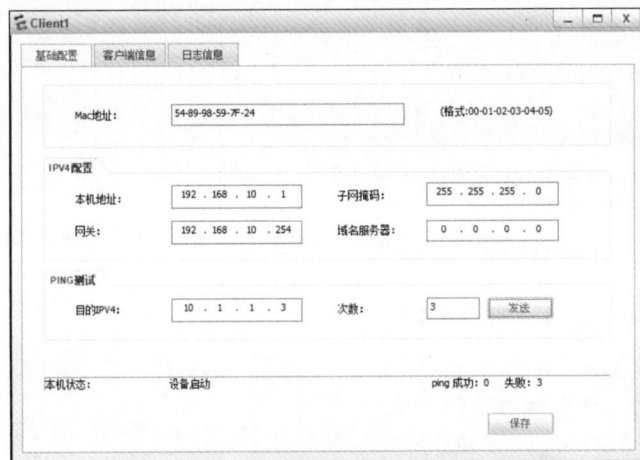

图 4-6　销售部访问 10.1.1.3

由以上结果可以看出，现已实现销售部只能访问业务数据服务器，而无法访问其他服务器。其他对应需求读者可自行调试，不再赘述。

4.2　某政府企业 AAA 配置项目案例

扫一扫，看视频

1. 项目拓扑

某政府企业 AAA 项目拓扑如图 4-7 所示。

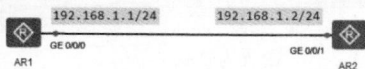

图 4-7 某政府企业 AAA 项目拓扑

2. 项目需求

（1）掌握本地 AAA 认证授权方案的配置方法。

（2）掌握创建域的方法。

（3）掌握本地用户的创建方法。

（4）理解基于域的用户管理的原理。

3. 实验步骤

（1）配置 IP 地址。

① 配置 AR1。

```
<Huawei>system-view
[Huawei]sysname AR1

[AR1]interface ge0/0/0
[AR1-GigabitEthernet0/0/0]ip address 192.168.1.1 24
[AR1-GigabitEthernet0/0/0]quit
```

② 配置 AR2。

```
<Huawei>system-view
[Huawei]undo info-center enable
[Huawei]sysname AR2
[AR2]interface ge0/0/1
[AR2-GigabitEthernet0/0/1]ip address 192.168.1.2 24
[AR2-GigabitEthernet0/0/1]quit
```

（2）配置认证授权方案。

```
[AR2]aaa                                               //进入 AAA 视图
[AR2-aaa]authentication-scheme hcia1                   //创建认证方案 hcia1
[AR2-aaa-authen-hcia1]authentication-mode local        //认证模式为本地认证
[AR2-aaa-authen-hcia1]quit
[AR2-aaa]authorization-scheme hcia2                    //创建授权方案 hcia2
[AR2-aaa-author-hcia2]authorization-mode local         //授权模式为本地
[AR2-aaa-author-hcia2]quit
```

（3）创建域并在域下应用 AAA 方案。

```
[AR2]aaa
[AR2-aaa]domain hcia                                   //创建域 hcia
[AR2-aaa-domain-hcia]authentication-scheme hcia1       //指定对该域内的用户采用认证方案 hcia1
[AR2-aaa-domain-hcia]authorization-scheme hcia2        //指定对该域内的用户采用授权方案 hcia2
```

（4）配置本地用户名和密码。

```
[AR2]aaa
```

```
[AR2-aaa]local-user ly@hcia password cipher 1234
//创建一个用户 ly，属于域 hcia，密码为 1234
[AR2-aaa]local-user ly@hcia service-type telnet      //用户的服务类型为 Telnet
[AR2-aaa]local-user ly@hcia privilege level 3       //用户权限为 3
```

（5）开启 Telnet 功能。

```
[AR2]user-interface vty 0 4
[AR2-ui-vty0-4]authentication-mode aaa   //认证模式为 AAA
[AR2-ui-vty0-4]quit
```

4. 实验调试

（1）在 AR1 上测试是否可以 Telnet R2，可以看到 AR1 可以 Telnet 到 AR2 上，但需输入用户名和密码，因为其开启了 AAA。

```
<AR1>telnet 192.168.1.2
Trying 192.168.1.2 ...
Press CTRL+K to abort
Connected to 192.168.1.2 ...

Login authentication

Username:ly@hcia //输入用户名
Password:1234     //输入密码，在设备中输入时并不会显示密码，输入完成后按 Enter 键即可
Info: The max number of VTY users is 10, and the number
     of current VTY users on line is 1
     The current login time is 2022-04-10 17:34:54
<AR2>system-view
Enter system view, return user view with Ctrl+Z
```

（2）在 AR2 上查看登录的用户。

```
[AR2]display users
  User-Intf   Delay   Type   Network Address   AuthenStatus   AuthorcmdFlag
+ 0   CON 0   00:00:00                    no      Username : Unspecified
  34  VTY 0   00:01:43  TEL  192.168.1.1   pass   no      Username : ly@hcia
```

以上输出字段解析如下：

① +：当前用户所在的用户视图。

② User-Intf：第一列数字表示用户界面的绝对编号，第二列数字表示用户界面的相对编号。例如，本项目案例中的用户 ly@hcia 处于 VTY 接口的 0 号。

③ Type：连接类型，包括 Console、Telnet、SSH、Web 4 种。

④ Network Address：用户登录的 IP 地址。

⑤ Username：使用该用户界面的用户名，即该登录用户的用户名。未指定用户名时，此为 Unspecified。

⑥ AuthenStatus：标识是否验证通过。

⑦ AuthorcmdFlag：命令行授权标志。

‖ 第 5 章 ‖
企业级出口项目案例

本章主要通过以下两个项目案例让读者掌握企业的出口技术。

↘ 某连锁加盟店 PPPoE 拨号项目案例

↘ 某金融企业双出口项目实例

5.1 某连锁加盟店 PPPoE 拨号项目案例

1. 项目拓扑

某连锁加盟店 PPPoE（Point to Point Protocol over Ethernet，以太网上的点对点协议）拨号项目拓扑如图 5-1 所示。

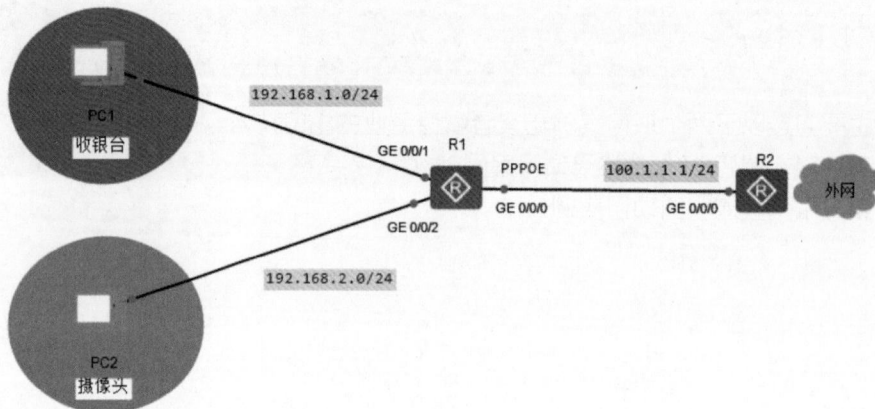

图 5-1 某连锁加盟店 PPPoE 拨号项目拓扑

2. 项目需求

（1）使用 PPPoE 拨号上网。

（2）主机 DHCP 获得地址。

（3）设置路由，使收银台和摄像头都可以访问外网。

3. 实验步骤

（1）配置 R2（PPPoE Server）地址池。

```
<Huawei> system-view
[Huawei] undo info-center enable
[Huawei]syname R2
[R2]ip pool pool1
[R2-ip-pool-pool1]network 100.1.1.0 mask 24  //客户端通过拨号获取的网段地址
[R2-ip-pool-pool1]gateway-list 100.1.1.1      //配置分配的网关地址
[R2-ip-pool-pool1]quit
```

（2）配置 R2 拨号使用的用户名和密码。

```
[R2]aaa
[R2-aaa]local-user huawei password cipher huawei
//创建用户名为 huawei、密码为 huawei 的账号
```

```
[R2-aaa]local-user huawei service-type ppp    //设置用户 huawei 的服务类型为 PPP
[R2-aaa]quit
```

（3）配置 VT 接口，用于 PPPoE 认证并分配地址。

```
[R2]interface Virtual-Template 1                    //创建 VT 接口
[R2-Virtual-Template1]ip address 100.1.1.1 24      //将网关地址配置在 VT 接口
[R2-Virtual-Template1]ppp authentication-mode chap//配置 PPP 的认证类型为 CHAP
[R2-Virtual-Template1]remote address pool pool1
//调用为客户端分配地址的地址池 pool1
[R2-Virtual-Template1]quit
```

提示：以太网接口不支持 PPP（Point to Point Protocol，点对点）协议，需要配置虚拟模块（Virtual Template，VT）接口。

（4）在以太网接口使能 PPPoE 功能并绑定 VT 接口。

```
[R2]interface GE0/0/0
[R2-GigabitEthernet0/0/0]pppoe-server bind virtual-template 1
//设置本设备为 PPPoE 的服务端，并且关联 VT 接口
```

（5）配置 R1 的 PPPoE Client 拨号功能。

```
<Huawei>system-view
[Huawei]undo info-center enable
[Huawei]sysname R1
[R1]interface Dialer 0
[R1-Dialer0]dialer user user1                   //使能共享 DDC 功能
[R1-Dialer0]dialer bundle 1                      //指定该 Dialer 口的 dialer bundle
[R1-Dialer0]ppp chap user huawei                //配置服务端分配的用户名
[R1-Dialer0]ppp chap password cipher huawei     //配置服务端分配的密码
[R1-Dialer0]ip address ppp-negotiate            //使用 PPP 协商获取 IP 地址
[R1-Dialer0]quit
```

（6）建立 PPPoE 会话。

```
[R1]interface GE0/0/0
[R1-GigabitEthernet0/0/0]pppoe-client dial-bundle-number 1
//绑定 Dialer 口的 dialer bundle
[R1-GigabitEthernet0/0/0]quit
```

（7）查看客户端是否通过 PPPoE 获取到 IP 地址，可以看到已获取到 IP 地址 100.1.1.254。

```
[R1]display ip interface brief
*down: administratively down
^down: standby
(l): loopback
(s): spoofing
The number of interface that is UP in Physical is 5
The number of interface that is DOWN in Physical is 1
The number of interface that is UP in Protocol is 2
The number of interface that is DOWN in Protocol is 4
```

```
Interface                IP Address/Mask      Physical    Protocol
Dialer0                  100.1.1.254/32       up          up(s)
  GigabitEthernet0/0/0   unassigned           up          down
  GigabitEthernet0/0/1   unassigned           up          down
  GigabitEthernet0/0/2   unassigned           up          down
  GigabitEthernet4/0/0   unassigned           down        down
  NULL0                  unassigned           up          up(s)
```

（8）配置 R1 的 GE0/0/1 和 GE0/0/2 的 IP 地址。

```
[R1]interface GE0/0/1
[R1-GigabitEthernet0/0/1]ip add 192.168.1.2 24
[R1-GigabitEthernet0/0/1]interface ge0/0/2
[R1-GigabitEthernet0/0/2]ip add 192.168.2.2 24
[R1-GigabitEthernet0/0/2]quit
```

（9）开启 DHCP，使收银台和摄像头获取 IP 地址。

```
[R1]dhcp enable                                        //全局使能 DHCP
[R1]interface GE0/0/1
[R1-GigabitEthernet0/0/1]dhcp select interface         //选择基于接口
[R1-GigabitEthernet0/0/1]interface ge0/0/2
[R1-GigabitEthernet0/0/2]dhcp select interface
[R1-GigabitEthernet0/0/2]quit
```

（10）配置 NAT（Network Address Translation，网络地址转换），使私网的 PC 能访问公网。

① 配置 ACL，定义需要进行地址转换的流量。

```
[R1]acl 2000
[R1-acl-basic-2000]rule 5 permit source 192.168.1.0 0.0.0.255
[R1-acl-basic-2000]rule 10 permit source 192.168.2.0 0.0.0.255
//匹配需要访问外网的设备流量
[R1-acl-basic-2000]quit
```

② 在接口配置 Easy-IP。

```
[R1]interface Dialer 0
[R1-Dialer0]nat outbound 2000                //在 Dialer 0 口调用 ACL 2000
[R1-Dialer0]quit
```

③ 配置默认路由访问公网。

```
[R1]ip route-static 0.0.0.0 0 Dialer 0    //配置默认路由，下一跳出口为 Dialer 口
```

（11）实验调试。

① 查看 PC1 动态获取 IP 地址是否成功，可以看到已获取到 IP 地址。

```
PC>ipconfig

Link local IPv6 address...........: fe80::5689:98ff:fece:22b
IPv6 address......................: :: / 128
IPv6 gateway......................: ::
IPv4 address......................: 192.168.1.254
Subnet mask.......................: 255.255.255.0
```

```
    Gateway.........................: 192.168.1.2
    Physical address................: 54-89-98-CE-02-2B
    DNS server......................:
```

② 在 PC1 上测试公网连通性，可以看到私网 PC 也可以使用 NAT 实现公网的访问。

```
PC>ping 100.1.1.1

Ping 100.1.1.1: 32 data bytes, Press Ctrl_C to break
From 100.1.1.1: bytes=32 seq=1 ttl=254 time=31 ms
From 100.1.1.1: bytes=32 seq=2 ttl=254 time=32 ms
From 100.1.1.1: bytes=32 seq=3 ttl=254 time=15 ms
From 100.1.1.1: bytes=32 seq=4 ttl=254 time=16 ms
From 100.1.1.1: bytes=32 seq=5 ttl=254 time=15 ms

--- 100.1.1.1 ping statistics ---
  5 packet(s) transmitted
  5 packet(s) received
  0.00% packet loss
  round-trip min/avg/max = 15/21/32 ms
```

5.2　某金融企业双出口项目案例

扫一扫，看视频

1. 项目拓扑

某金融企业双出口项目拓扑如图 5-2 所示。

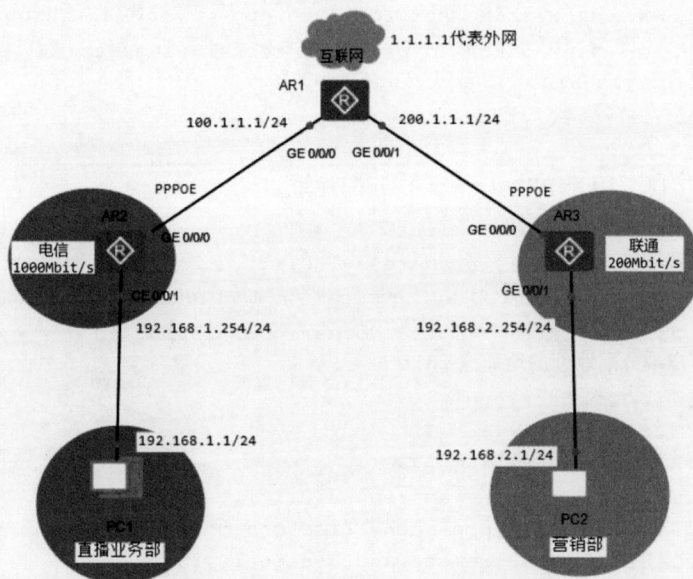

图 5-2　某金融企业双出口项目拓扑

2. 项目需求

（1）配置 IP 地址。

（2）使用 PPPoE 拨号上网。

（3）设置路由让直播业务部和营销部都可以访问外网。

3. 实验步骤

（1）配置 AR1 地址池。

① 配置电信链路。

```
[Huawei]undo info-center enable
[Huawei]sysname AR1
[AR1]ip pool zhibo                              //配置地址池名为 zhibo
[AR1-ip-pool-zhibo]network 100.1.1.0 mask 24    //客户端通过拨号获取的网段地址
[AR1-ip-pool-zhibo]gateway-list 100.1.1.1       //配置分配的网关地址
[AR1-ip-pool-zhibo]quit
```

② 配置联通链路。

```
[AR1]ip pool yingxiao                               //配置地址池名为 yingxiao
[AR1-ip-pool-yingxiao]network 200.1.1.0 mask 24     //客户端通过拨号获取的网段地址
[AR1-ip-pool-yingxiao]gateway-list 200.1.1.1        //配置分配的网关地址
[AR1-ip-pool-yingxiao]quit
```

（2）配置 AR2、AR3 拨号使用的用户名和密码。

```
[AR1]aaa
[AR1-aaa]local-user zhibo password cipher zhibo
//创建用户名为 zhibo、密码为 zhibo 的账号
[AR1-aaa]local-user zhibo service-type ppp     //设置用户 zhibo 的服务类型为 PPP
[AR1-aaa]local-user yingxiao password cipher yingxiao
//创建用户名为 yingxiao、密码为 yingxiao 的账号
[AR1-aaa]local-user yingxiao service-type ppp
[AR1-aaa]quit
```

（3）配置 VT 接口，用于 PPPoE 认证并分配地址。

```
[AR1]interface Virtual-Template 1                    //创建 VT 接口 1
[AR1-Virtual-Template1]ip address 100.1.1.1 24       //将网关地址配置在 VT 接口
[AR1-Virtual-Template1]ppp authentication-mode chap  //配置 PPP 的认证类型为 CHAP
[AR1-Virtual-Template1]remote address pool zhibo
//调用为客户端分配地址的地址池 zhibo
[AR1-Virtual-Template1]quit

[AR1]interface Virtual-Template 2                    //创建 VT 接口 2
[AR1-Virtual-Template2]ip address 200.1.1.1 24
[AR1-Virtual-Template2]ppp authentication-mode chap
[AR1-Virtual-Template2]remote address pool yingxiao
[AR1-Virtual-Template2]quit
```

（4）在以太网接口使能 PPPoE 功能并绑定 VT 接口。

```
[AR1]interface ge0/0/0
[AR1-GigabitEthernet0/0/0]pppoe-server bind virtual-template 1
//设置本设备为 PPPoE 的服务端，并且关联 VT 接口
[AR1-GigabitEthernet0/0/0]quit
[AR1]interface ge0/0/1
[AR1-GigabitEthernet0/0/1]pppoe-server bind virtual-template 2
```

（5）配置 AR2、AR3 的 PPPoE Client 拨号功能。

① 配置 AR2 的 PPPoE Client 拨号功能。

```
<Huawei>system-view
[Huawei]undo info-center enable
[Huawei]sysname AR2
[AR2]interface Dialer 0
[AR2-Dialer0]dialer user user1
[AR2-Dialer0]dialer bundle 1
[AR2-Dialer0]ppp chap user zhibo
[AR2-Dialer0]ppp chap password cipher zhibo
[AR2-Dialer0]ip address ppp-negotiate
[AR2-Dialer0]quit
```

② 配置 AR3 的 PPPoE Client 拨号功能。

```
<Huawei>system-view
[Huawei]undo info-center enable
[Huawei]sysname AR3
[AR3]interface Dialer 0
[AR3-Dialer0]dialer user user1
[AR3-Dialer0]dialer bundle 1
[AR3-Dialer0]ppp chap user yingxiao
[AR3-Dialer0]ppp chap password cipher yingxiao
[AR3-Dialer0]ip address ppp-negotiate
[AR3-Dialer0]quit
```

（6）建立 PPPoE 会话。

```
[AR2]interface ge0/0/0
[AR2-GigabitEthernet0/0/0]pppoe-client dial-bundle number 1
[AR2-GigabitEthernet0/0/0]quit

[AR3]interface ge0/0/0
[AR3-GigabitEthernet0/0/0]pppoe-client dial-bundle-number 1
[AR3-GigabitEthernet0/0/0]quit
```

（7）查看客户端是否通过 PPPoE 获取到 IP 地址。

```
[AR2]display ip interface brief
*down: administratively down
^down: standby
(l): loopback
(s): spoofing
```

```
The number of interface that is UP in Physical is 4
The number of interface that is DOWN in Physical is 1
The number of interface that is UP in Protocol is 2
The number of interface that is DOWN in Protocol is 3

Interface                      IP Address/Mask      Physical      Protocol
Dialer0                        100.1.1.254/32          up           up(s)
GigabitEthernet0/0/0           unassigned              up           down
GigabitEthernet0/0/1           unassigned              up           down
GigabitEthernet0/0/2           unassigned              down         down
NULL0                          unassigned              up           up(s)


[AR3]display ip interface brief
*down: administratively down
^down: standby
(l): loopback
(s): spoofing
The number of interface that is UP in Physical is 4
The number of interface that is DOWN in Physical is 1
The number of interface that is UP in Protocol is 2
The number of interface that is DOWN in Protocol is 3

Interface                      IP Address/Mask      Physical      Protocol
Dialer0                        200.1.1.254/32          up           up(s)
GigabitEthernet0/0/0           unassigned              up           down
GigabitEthernet0/0/1           unassigned              up           down
GigabitEthernet0/0/2           unassigned              down         down
NULL0                          unassigned              up           up(s)
```

通过以上输出结果可以看到，客户端都获取到了 IP 地址。

（8）配置 AR2 的 GE0/0/1 和 AR3 的 GE0/0/1 的 IP 地址。

```
[AR2]interface ge0/0/1
[AR2-GigabitEthernet0/0/1]ip address 192.168.1.254 24
[AR2-GigabitEthernet0/0/1]quit
[AR3]interface ge0/0/1
[AR3-GigabitEthernet0/0/1]ip address 192.168.2.254 24
[AR3-GigabitEthernet0/0/1]quit
```

（9）静态配置 PC1 的 IP 地址，如图 5-3 所示。

图 5-3 静态配置 PC1 的 IP 地址

静态配置 PC2 的 IP 地址，如图 5-4 所示。

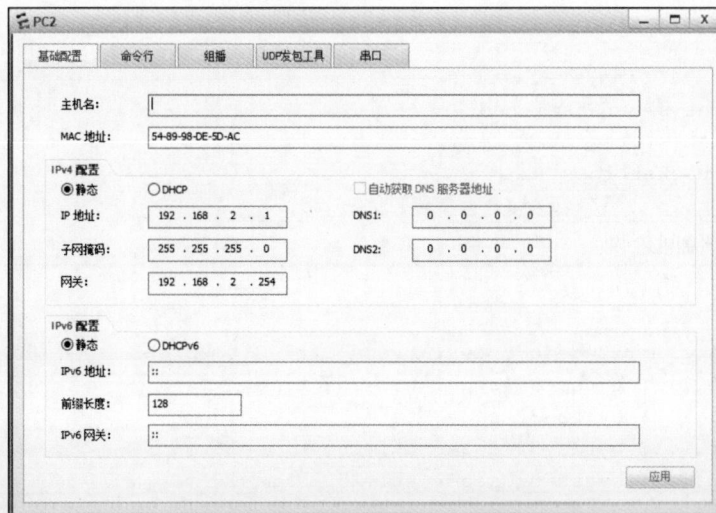

图 5-4 静态配置 PC2 的 IP 地址

（10）配置 NAT，使私网能访问公网。

```
[AR2]acl 2000
[AR2-acl-basic-2000]rule permit source 192.168.1.0 0.0.0.255
[AR2-acl-basic-2000]quit
[AR2]interface Dialer 0
[AR2-Dialer0]nat outbound 2000
[AR3]acl 2000
[AR3-acl-basic-2000]rule permit source 192.168.2.0 0.0.0.255
```

```
[AR3-acl-basic-2000]quit
[AR3]interface Dialer 0
[AR3-Dialer0]nat outbound 2000
[AR3-Dialer0]quit
```

（11）配置静态路由。

① 配置 AR2 的静态路由。

```
[AR2]ip route-static 1.1.1.0 24 100.1.1.1
```

② 配置 AR3 的静态路由。

```
[AR3]ip route-static 1.1.1.0 24 200.1.1.1
```

（12）实验调试。

① 通过 PC1 访问外网。

```
PC>ping 1.1.1.1
Ping 1.1.1.1: 32 data bytes, Press Ctrl_C to break
From 1.1.1.1: bytes=32 seq=1 ttl=255 time=16 ms
From 1.1.1.1: bytes=32 seq=2 ttl=255 time=16 ms
From 1.1.1.1: bytes=32 seq=3 ttl=255 time=15 ms
From 1.1.1.1: bytes=32 seq=4 ttl=255 time=16 ms
From 1.1.1.1: bytes=32 seq=5 ttl=255 time=16 ms

--- 1.1.1.1 ping statistics ---
  5 packet(s) transmitted
  5 packet(s) received
  0.00% packet loss
  round-trip min/avg/max = 15/15/16 ms
```

② 通过 PC2 访问外网。

```
PC>ping 1.1.1.1

Ping 1.1.1.1: 32 data bytes, Press Ctrl_C to break
From 1.1.1.1: bytes=32 seq=1 ttl=255 time<1 ms
From 1.1.1.1: bytes=32 seq=2 ttl=255 time=15 ms
From 1.1.1.1: bytes=32 seq=3 ttl=255 time=16 ms
From 1.1.1.1: bytes=32 seq=4 ttl=255 time=16 ms
From 1.1.1.1: bytes=32 seq=5 ttl=255 time=15 ms

--- 1.1.1.1 ping statistics ---
  5 packet(s) transmitted
  5 packet(s) received
  0.00% packet loss
  round-trip min/avg/max = 0/12/16 ms
```

‖ 第 6 章 ‖

企业智能化运维项目案例

本章主要通过以下两个项目案例让读者掌握 SNMP、Python 在企业中的应用。

↳ 某企业利用 SNMP 管理设备的项目案例

↳ 某软件开发企业利用 Python 管理设备的项目案例

6.1 某企业利用 SNMP 管理设备的项目案例

1. 项目拓扑

某企业利用 SNMP（Simple Network Management Protocol，简单网络管理协议）管理设备的项目拓扑如图 6-1 所示。

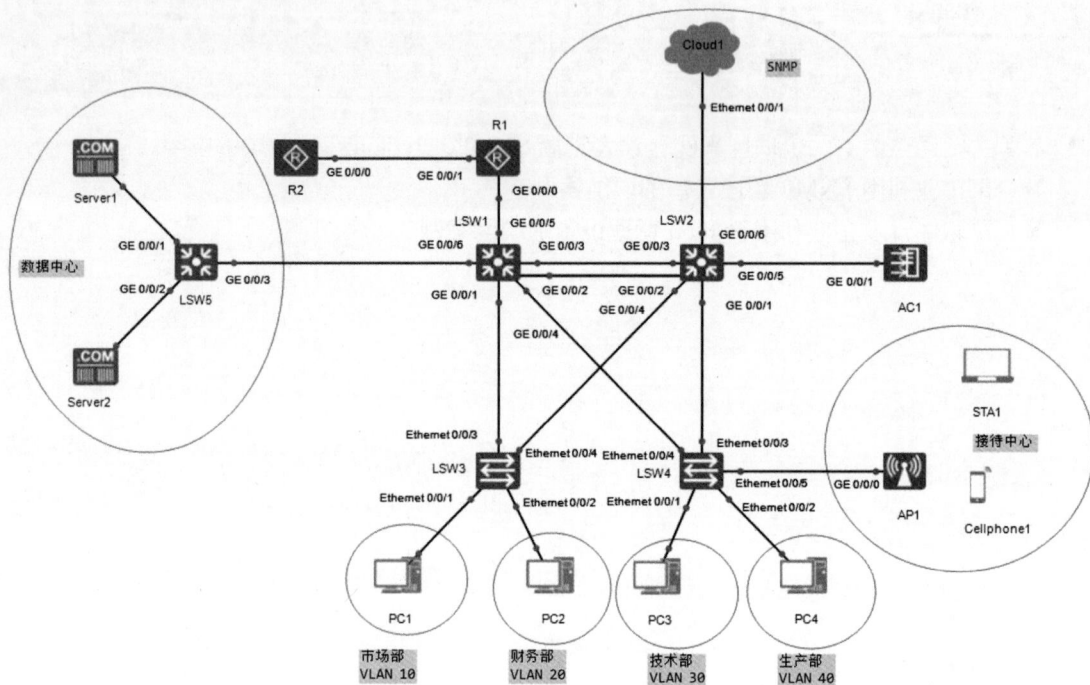

图 6-1　某企业利用 SNMP 管理设备的项目拓扑

2. 项目需求

（1）理解 SNMP 的原理。

（2）掌握 SNMP 的配置方法。

3. 实验步骤（网络搭建与调试见第 7 章相关内容）

（1）配置 Cloud1，使用 Windows 操作系统的虚拟网卡桥接 eNSP 模拟器。

① 双击云图标，进入 Cloud1 界面，如图 6-2 所示。

② 在【绑定信息】中选择 UDP，单击【增加】按钮，创建 UDP（User Datagram Protocol，用户数据报协议）端口，如图 6-3 所示。

图 6-2　Cloud1 界面

图 6-3　创建 UDP 端口

　　③根据已创建的端口信息配置端口映射。在【绑定信息】中选择 Host-Only，单击【增加】按钮；在【端口映射设置】中，【入端口编号】选择【1】，【出端口编号】选择【2】，选中【双向通信】复选框，单击【增加】按钮，如图 6-4 所示。

⛓️【技术要点】

　　通过以上操作，可以让 eNSP 中的路由器与读者计算机中的软件通信。

图 6-4　添加端口映射表

（2）配置交换机 LSW2 的 IP 地址。

```
[LSW2]vlan 6
[LSW2-vlan6]quit

[LSW2]interface vlanif 6
[LSW2-vlanif6]ip address 192.168.56.2 24

[LSW2]interface ge0/0/6
[LSW2-GigabitEthernet0/0/6]port link-type access
[LSW2-GigabitEthernet0/0/6]port default vlan 6
```

（3）开启 SNMP。

```
[LSW2]snmp-agent                              //使能 SNMP 代理功能
[LSW2]snmp-agent community read hcia          //读的密码设置为 hcia
[LSW2]snmp-agent community write hcip         //写的密码设置为 hcip
[LSW2]]snmp-agent sys-info version v1         //配置 SNMP 的版本
```

4. 实验调试

（1）配置用户参数，地址选择【192.168.56.2】，SNMP 选择 SNMPv1，如图 6-5 所示。

（2）查询交换机的名字。

① 选择【MIB Tree】→【iso】→【org】→【dod】→【internet】→【mgmt】→【mib-2】→【system】→【sysName】，如图 6-6 所示。

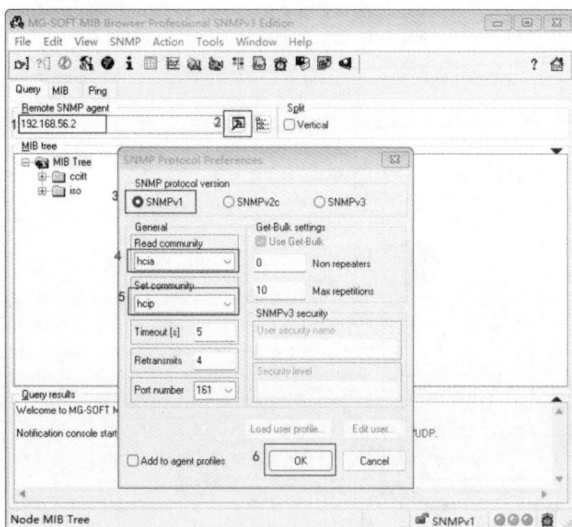

图 6-5　设置 SNMP 的版本为 SNMPv1

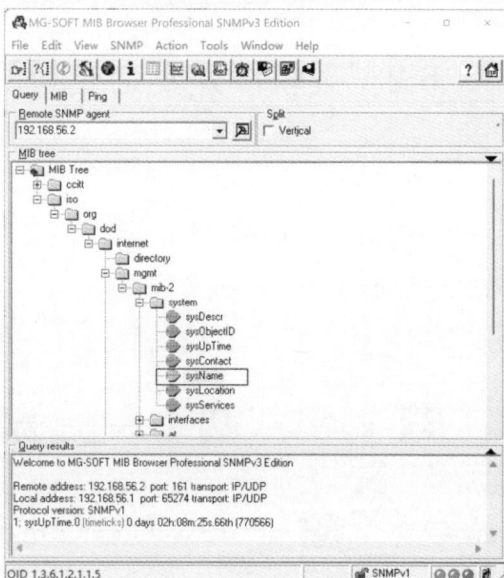

图 6-6　查询交换机的名字

② 右击 sysName，在弹出的快捷菜单中双击 Get 命令，发送 Get 请求，如图 6-7 所示。

③ 查询接口 IP 地址，如图 6-8 所示。

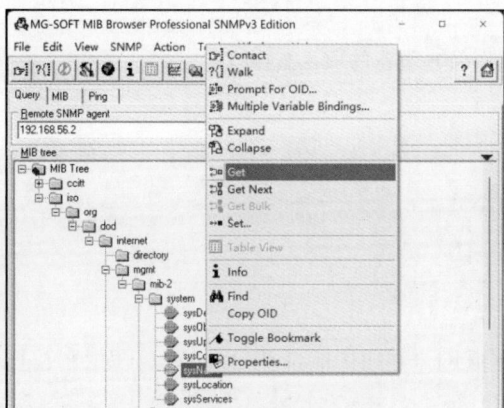

图 6-7　发送 Get 请求

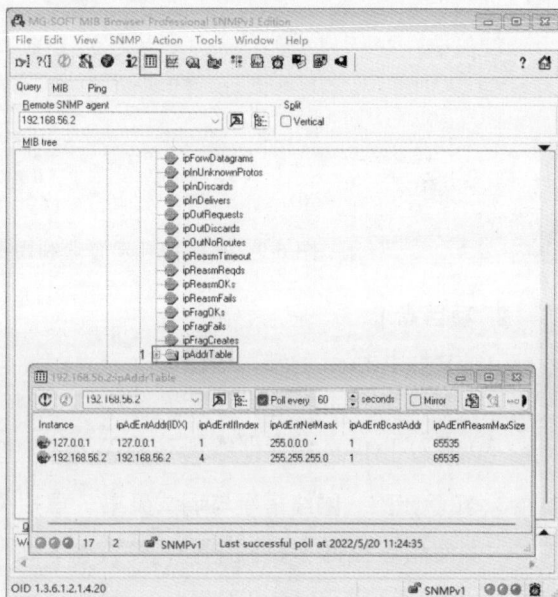

图 6-8　查询接口 IP 地址

6.2　某软件开发企业利用 Python 管理设备的项目案例

1. 项目拓扑

某软件开发企业利用 Python 管理设备的项目拓扑如图 6-9 所示。

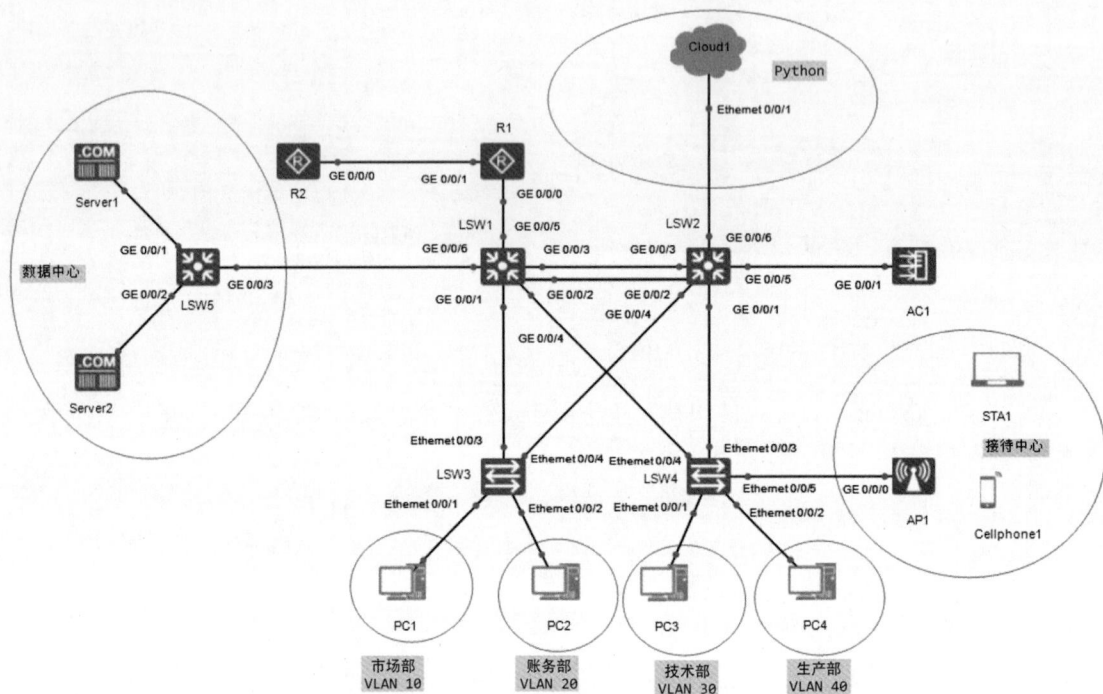

图 6-9　某软件开发企业利用 Python 管理设备的项目拓扑

2. 项目需求

（1）掌握 Python 的基本语法。

（2）掌握 Telnetlib 基本方法。

（3）通过 Python 编译器实现对 LSW2 的管理。

3. 实验步骤（网络搭建与调试见第 7 章相关内容）

（1）使用虚拟网卡桥接 eNSP 模拟器，配置虚拟网卡的 IP 地址为 10.1.1.1，如图 6-10 所示。

（2）连接 LSW2 和桥接的云，配置 SW1 的 IP 地址和 Telnet 服务。

① 配置 LSW2 的地址。

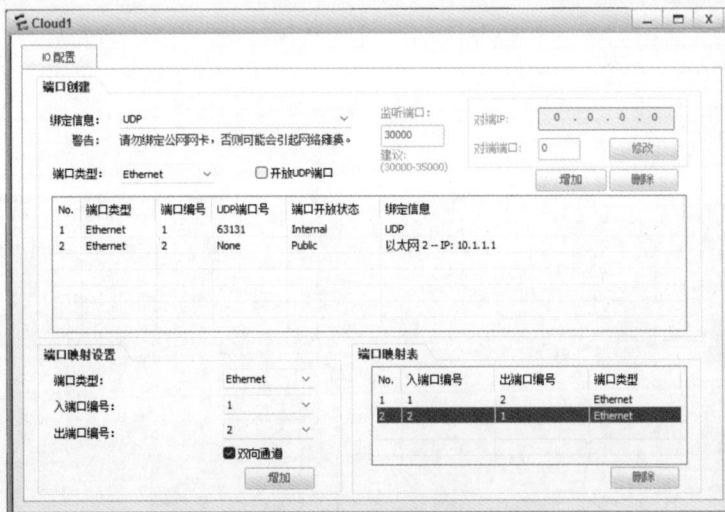

图 6-10　eNSP 桥接到本地计算机

```
[LSW2]vlan 6
[LSW2-vlan6]quit

[LSW2]interface vlanif 6
[LSW2-vlanif6]ip address 10.1.1.254 24

[LSW2]interface ge0/0/6
[LSW2-GigabitEthernet0/0/6]port link-type access
[LSW2-GigabitEthernet0/0/6]port default vlan 6
```

② 在 AAA 视图模式下创建 Telnet 使用的用户名和密码，并赋予权限。

```
[LSW2]aaa
[LSW2]local-user www password cipher www123
//配置用户名为 www、密码为 www123 的账户
Info: Add a new user
[LSW2]local-user www service-type telnet        //设置用户 www 的服务类型为 Telnet
[LSW2]local-user www privilege level 3          //设置用户 www 的权限为 3
```

③ 设置认证类型为 AAA 认证。

```
[LSW2]user-interface vty 0 4
[LSW2-ui-vty0-4]authentication-mode aaa         //配置认证类型为 AAA 认证
```

④ PC 通过 Command 登录测试，可以看到 Telnet 配置成功。

```
Login authentication
Username:www
Password:
Info: The max number of VTY users is 5, and the number
     of current VTY users on line is 1
     The current login time is 2023-06-10 16:37:26
```

```
<sw2>
```

（3）在 PyCharm 中配置 telnetlib。

打开 PyCharm，右击右侧项目栏，在弹出的快捷菜单中选择【新建】→【Python 文件】命令，新建 Python 文件，如图 6-11 所示。

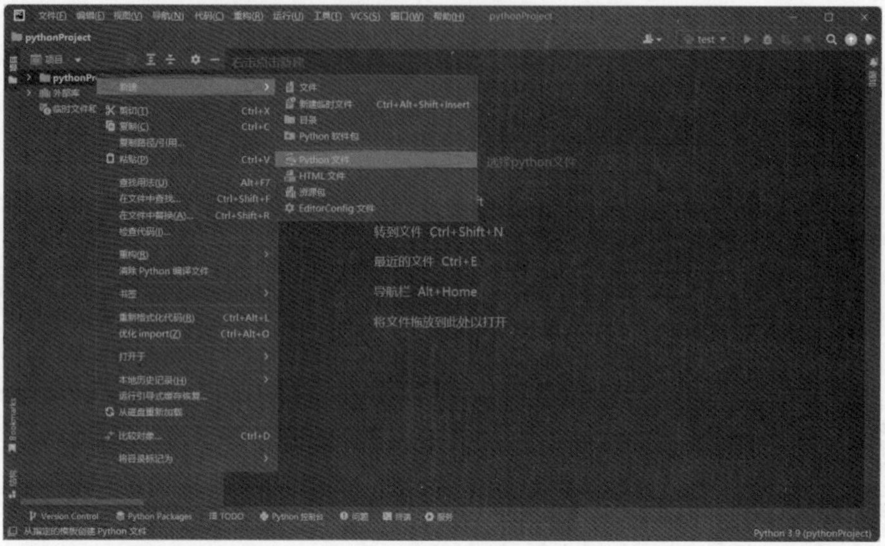

图 6-11　新建 Python 文件

弹出【新建 Python 文件】对话框，将 Python 文件命名为【huawei_telnet】，按 Enter 键，进入编译界面，如图 6-12 所示。

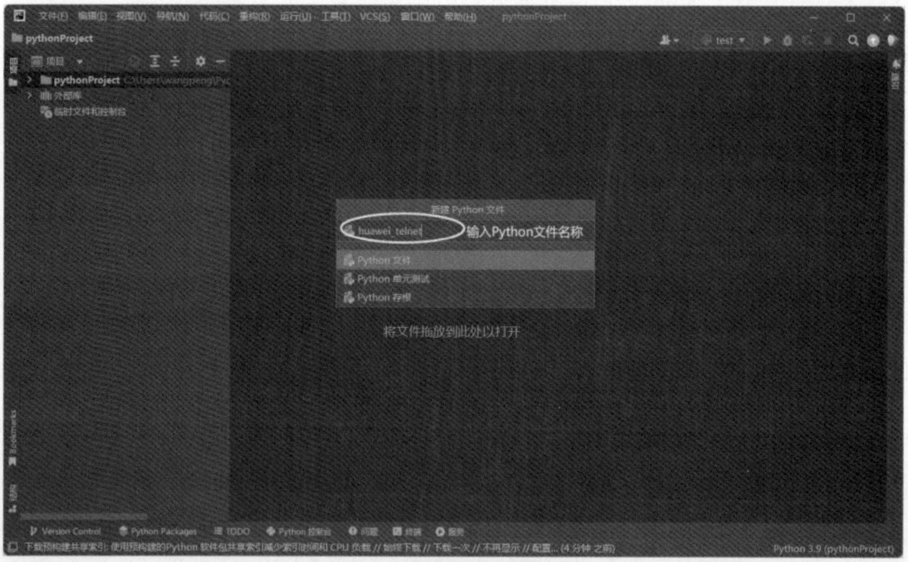

图 6-12　命名 Python 文件

编写 Python 代码。

```
import telnetlib
import time
huawei_ip='10.1.1.254'
huawei_user='www'
huawei_pass='www123'
huawei_telnet=telnetlib.Telnet(huawei_ip)
huawei_telnet.read_until(b'Username:')
huawei_telnet.write(huawei_user.encode('ascii')+b"\n")
huawei_telnet.read_until(b'Password:')
huawei_telnet.write(huawei_pass.encode('ascii')+b"\n")
huawei_telnet.write(b'screen-length 0 temporary \n')
huawei_telnet.write(b'display cu \n')
time.sleep(1)
print(huawei_telnet.read_very_eager().decode('ascii'))
huawei_telnet.close()
```

（4）使用 telnetlib 登录设备，单击编译界面右上角的执行按钮，运行 Python 代码，如图 6-13 所示。

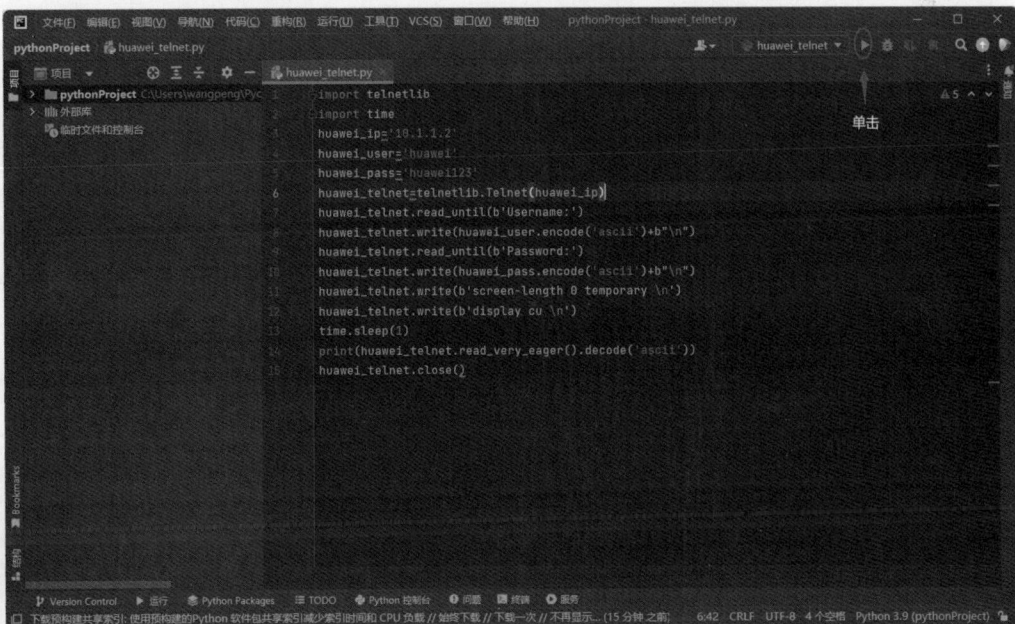

图 6-13　运行 Python 代码

（5）查看运行结果，如图 6-14 所示，可以看到通过 telnetlib 登录了网络设备。查看对应的当前运行文件后退出 Telnet。

（6）Python 代码解析。

步骤 1：导入模块。

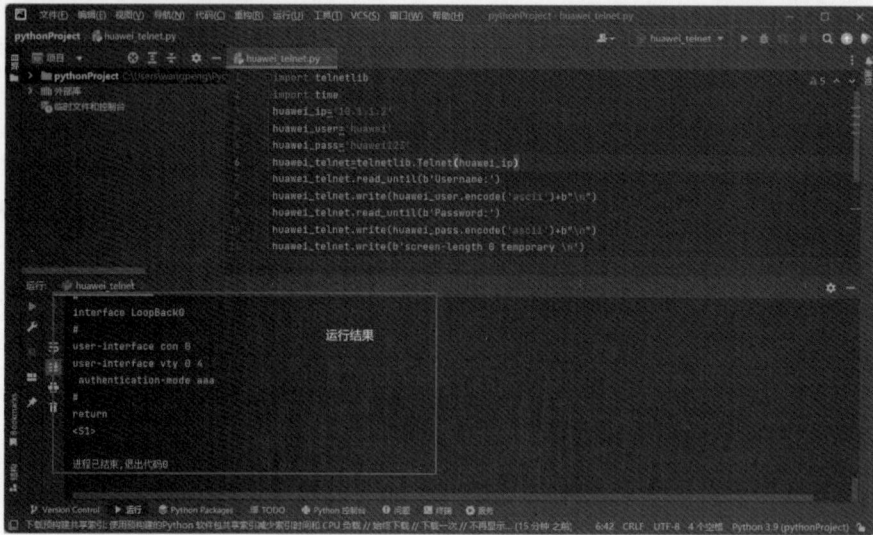

图 6-14　查看运行结果

```
import telnetlib
import time
```

导入本段代码中需要使用的 telnetlib 和 time 两个模块。这两个模块都是 Python 自带的模块，无须安装。Python 默认无间隔按顺序执行所有代码，在使用 Telnet 向交换机发送配置命令时，可能会遇到响应不及时或者设备回显信息显示不全的情况，此时可以使用 time 模块中的 sleep()方法来人为暂停程序。

步骤 2：登录设备。

```
huawei_ip='10.1.1.254'
huawei_user='www'
huawei_pass='www123'
huawei_telnet=telnetlib.Telnet(huawei_ip)
```

创建 3 个变量 huawei_ip、huawei_user 和 huawei_pass，分别为设备的登录地址、用户名和密码，与设备配置参数一致。

telnetlib.Telent()表示调用 telnetlib 类下的 Telnet()方法。Telnet()方法中包含登录的参数，即 IP 地址和端口号等信息。若不填写端口号信息，则默认为 23 号端口。

本例中 huawei_telnet=telnetlib.Telnet(huawei_ip)，表示登录 IP 地址为 10.1.1.254 的设备，将 telnetlib.Telnet(huawei_ip)赋值给变量 huawei_telnet。

```
huawei_telnet.read_until(b'Username:')
huawei_telnet.write(huawei_user.encode('ascii')+b"\n")
huawei_telnet.read_until(b'Password:')
huawei_telnet.write(huawei_pass.encode('ascii')+b"\n")
```

正常情况，登录 IP 地址为 10.1.1.254 的设备时，会有如下回显信息。

```
<PC1>telnet 10.1.1.24
```

```
Trying 10.1.1.254 ...
Press CTRL+K to abort
Connected to 10.1.1.254 ...


Login authentication


Username:www
Password:
```

注意：程序并不知道需要读取到什么信息为止，所以这里使用 read_until()方法，表示读取到括号内信息为止。

读取到"Username:"时，需输入参数 huawei_user。该参数已在前面定义，作为 Telent 登录的用户。使用 write()方法完成用户名的写入。

本例中，huawei_telnet.read_until(b'Username:')代表读取到了 Username，之后执行 write()方法。huawei_telnet.write(huawei_user.encode('ascii')+b"\n")代表后续会输入 huawei_user 定义的用户名，\n 代表输入用户名后按 Enter 键。

同理，huawei_telnet.read_until(b'Password:')、huawei_telnet.write(huawei_pass.encode('ascii')+b"\n") 这两句代码的作用就是读取到 Password 回显信息后，输入设置好的密码，即 huawei_pass。

步骤 3：输入配置命令。

远程登录到设备后，使用 Python 脚本输入执行并命令。

```
huawei_telnet.write(b'screen-length 0 temporary \n')
huawei_telnet.write(b'display cu \n')
```

继续使用 write()方法向设备输入命令。输入的命令中，display cu 为 display current-configuration 的缩写，其功能是显示设备的当前配置。screen-length 0 temporary 表示关闭分屏功能，即当显示的信息超过一屏时，系统不会自动暂停。

```
time.sleep(1)
```

time.sleep(1)的作用是将程序暂停 1s，用于等待交换机回显信息，然后继续执行后续代码。如果没有设置等待时间，则程序会直接执行下一行代码，导致没有数据可供读取。

```
print(huawei_telnet.read_very_eager().decode('ascii'))
```

print()方法表示输出括号内的内容到控制台。其中，Huawei_telnet.read_very_eager()表示读取当前尽可能多的数据；decode('ascii'))表示将读取的数据解码为 ASCII。本项目案例中这段代码的功能为输入"display cu"1s 后，输出信息到控制台。

步骤 4：关闭会话。

```
huawei_telnet.close()
```

调用 close()方法，关闭当前会话。由于设备 VTY 连接数量有限，因此在执行完脚本后需要关闭此 Telnet 会话。

第 7 章

中小型企业项目案例

本章主要通过一个项目案例让读者掌握以下技术。

- ⇘ VLAN 的创建
- ⇘ 链路聚合
- ⇘ DHCP
- ⇘ IP 地址规划
- ⇘ 无线的配置
- ⇘ PPPOE

扫一扫，看视频

1. 项目拓扑

中小型企业项目拓扑如图 7-1 所示。

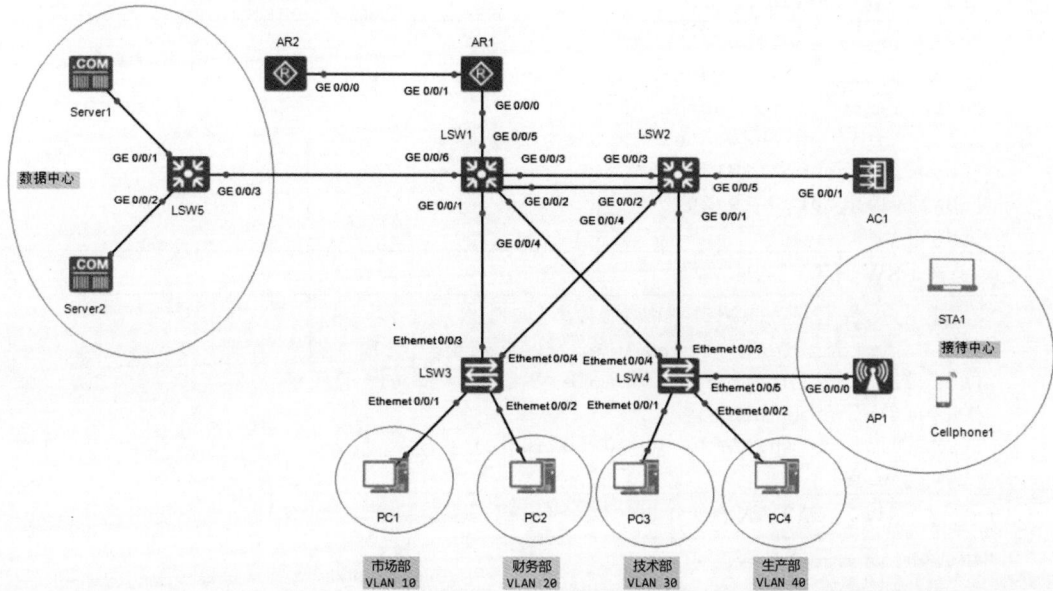

图 7-1　中小型企业项目拓扑

2. 项目需求

（1）市场部属于 VLAN 10，财务部属于 VLAN 20，技术部属于 VLAN 30，生产部属于 VLAN 40，接待中心属于 VLAN 50，数据中心属于 VLAN 60。

（2）LSW1 与 LSW2 之间的链路带宽要求为 2Gbit/s。

（3）通过配置 STP，阻塞 LSW3 的 E0/0/4，阻塞 LSW4 的 E0/0/3。

（4）通过 DHCP 使市场部、财务部、技术部、生产部获得 IP 地址。IP 地址规划如表 7-1 所示。

表 7-1　IP 地址规划

部门	网关	DHCP 服务器	DHCP 的类型
市场部	192.168.10.1	LSW1	基于全局
财务部	192.168.20.1	LSW1	基于全局
技术部	192.168.30.1	LSW2	基于接口
生产部	192.168.40.1	LSW2	基于接口

（5）在 AC 和 AP 上做配置，使接待中心的客户可以无线上网。

（6）搭建数据中心的服务器，为用户提供服务。

（7）AR1 通过拨号上网。

3. 实验步骤

1）创建 VLAN

（1）配置 LSW1 的 VLAN。

```
<Huawei>system-view
Enter system view, return user view with Ctrl+Z
[Huawei]undo info-center enable
Info: Information center is disabled
[Huawei]sysname LSW1
[LSW1]vlan batch 10 20 30 40 50 60
[LSW1]quit
```

（2）配置 LSW2 的 VLAN。

```
<Huawei>system-view
Enter system view, return user view with Ctrl+Z
[Huawei]undo info-center enable
[Huawei]sysname LSW2
[LSW2]vlan batch 10 20 30 40 50 60
[LSW2]quit
```

（3）配置 LSW3 的 VLAN。

```
<Huawei>system-view
Enter system view, return user view with Ctrl+Z
[Huawei]undo info-center enable
[Huawei]sysname LSW3
[LSW3]vlan batch 10 20 30 40 50 60
[LSW3]quit
```

（4）配置 LSW4 的 VLAN。

```
<Huawei>system-view
Enter system view, return user view with Ctrl+Z
[Huawei]undo info-center enable
Info: Information center is disabled
[Huawei]sysname LSW4
[LSW4]vlan batch 10 20 30 40 50 60
[LSW4]quit
```

（5）配置 LSW5 的 VLAN。

```
<Huawei>system-view
Enter system view, return user view with Ctrl+Z
[Huawei]undo info-center enable
Info: Information center is disabled
[Huawei]sysname LSW5
[LSW5]vlan batch 10 20 30 40 50 60
[LSW5]quit
```

2）把接口划入相应的 VLAN

（1）配置 LSW3。

```
[LSW3]interface e0/0/1
[LSW3-Ethernet0/0/1]port link-type access
[LSW3-Ethernet0/0/1]port default vlan 10
[LSW3-Ethernet0/0/1]quit
[LSW3]interface e0/0/2
[LSW3-Ethernet0/0/2]port link-type access
[LSW3-Ethernet0/0/2]port default vlan 20
[LSW3-Ethernet0/0/2]quit
```

（2）配置 LSW4。

```
[LSW4]interface e0/0/1
[LSW4-Ethernet0/0/1]port link-type access
[LSW4-Ethernet0/0/1]port default vlan 30
[LSW4-Ethernet0/0/1]quit
[LSW4]interface e0/0/2
[LSW4-Ethernet0/0/2]port link-type access
[LSW4-Ethernet0/0/2]port default vlan 40
[LSW4-Ethernet0/0/2]quit
```

（3）配置 LSW5。

```
[LSW5]interface ge0/0/1
[LSW5-GigabitEthernet0/0/1]port link-type access
[LSW5-GigabitEthernet0/0/1]port default vlan 60
[LSW5-GigabitEthernet0/0/1]quit
[LSW5]interface ge0/0/2
[LSW5-GigabitEthernet0/0/2]port link-type access
[LSW5-GigabitEthernet0/0/2]port default vlan 60
[LSW5-GigabitEthernet0/0/2]quit
```

3）设置 Trunk

（1）设置 LSW1 的 Trunk。

```
[LSW1]port-group 1
[LSW1-port-group-1]group-member ge0/0/1 ge0/0/4 ge0/0/6
[LSW1-port-group-1]port link-type trunk
[LSW1-port-group-1]port trunk allow-pass vlan 10 20 30 40 50 60
[LSW1-port-group-1]quit
```

（2）设置 LSW2 的 Trunk。

```
[LSW2]port-group 1
[LSW2-port-group-1]group-member GigabitEthernet 0/0/1 ge0/0/4 ge0/0/5
[LSW2-port-group-1]quit
[LSW2-port-group-1]port link-type trunk
[LSW2-port-group-1]port trunk allow-pass vlan 10 20 30 40 50 60
[LSW2-port-group-1]quit
```

（3）设置 LSW3 的 Trunk。

```
[LSW3]port-group 1
[LSW3-port-group-1]group-member e0/0/3 e0/0/4
```

```
[LSW3-port-group-1]port link-type trunk
[LSW3-port-group-1]port trunk allow-pass vlan 10 20 30 40 50 60
[LSW3-port-group-1]quit
```

（4）设置 LSW4 的 Trunk。

```
[LSW4]port-group 1
[LSW4-port-group-1]group-member e0/0/3 to e0/0/5
[LSW4-port-group-1]port link-type trunk
[LSW4-port-group-1]port trunk allow-pass vlan 10 20 30 40 50 60
[LSW4-port-group-1]quit
```

（5）设置 LSW5 的 Trunk。

```
[LSW5]interface ge0/0/3
[LSW5-GigabitEthernet0/0/3]port link-type trunk
[LSW5-GigabitEthernet0/0/3]port trunk allow-pass vlan 10 20 30 40 50 60
[LSW5-GigabitEthernet0/0/3]quit
```

4）设置聚合链路

（1）设置 LSW1 的链路聚合。

```
[LSW1]interface Eth-Trunk 1
[LSW1-Eth-Trunk1] mode lacp-static
[LSW1-Eth-Trunk1]trunkport GigabitEthernet 0/0/2 to 0/0/3
[LSW1-Eth-Trunk1]port link-type trunk
[LSW1-Eth-Trunk1]port trunk allow-pass vlan all
[LSW1-Eth-Trunk1]quit
```

（2）设置 LSW2 的链路聚合。

```
[LSW2]interface Eth-Trunk 1
[LSW2-Eth-Trunk1] mode lacp-static
[LSW2-Eth-Trunk1]trunkport GigabitEthernet 0/0/2 to 0/0/3
[LSW2-Eth-Trunk1]port link-type trunk
[LSW2-Eth-Trunk1]port trunk allow-pass vlan all
[LSW2-Eth-Trunk1]quit
```

5）设置 STP 的链路聚合。

```
[LSW1]stp root primary
[LSW2]stp root secondary
```

6）配置 DHCP

（1）配置市场部的 DHCP。

```
[LSW1]interface vlanif 10
[LSW1-vlanif10]ip address 192.168.10.1 24
[LSW1-vlanif10]quit
[LSW1]dhcp enable
[LSW1]ip pool vlan10
[LSW1-ip-pool-vlan10]network 192.168.10.0 mask 24
[LSW1-ip-pool-vlan10]dns-list 3.3.3.3 4.4.4.4
[LSW1-ip-pool-vlan10]gateway-list 192.168.10.1
```

```
[LSW1-ip-pool-vlan10]quit
[LSW1]interface vlanif 10
[LSW1-vlanif10]dhcp select global
[LSW1-vlanif10]quit
```

（2）配置财务部的 DHCP。

```
[LSW1]interface vlanif 20
[LSW1-vlanif20]ip address 192.168.20.1 24
[LSW1-vlanif20]quit
[LSW1]ip pool vlan20
[LSW1-ip-pool-vlan20]network 192.168.20.0 mask 24
[LSW1-ip-pool-vlan20]gateway-list 192.168.20.1
[LSW1-ip-pool-vlan20]dns-list 3.3.3.3 4.4.4.4
[LSW1-ip-pool-vlan20]quit
[LSW1]interface vlanif 20
[LSW1-vlanif20]dhcp select global
[LSW1-vlanif20]quit
```

（3）配置技术部的 DHCP。

```
[LSW2]dhcp enable
[LSW2]interface vlanif 30
[LSW2-vlanif30]ip address 192.168.30.1 24
[LSW2-vlanif30]dhcp select interface
[LSW2-vlanif30]dhcp server dns-list 3.3.3.3 4.4.4.4
```

（4）配置生产部的 DHCP。

```
[LSW2]interface vlanif 40
[LSW2-vlanif40]ip address 192.168.40.1 24
[LSW2-vlanif40]dhcp select interface
[LSW2-vlanif40]dhcp server dns-list 3.3.3.3 4.4.4.4
[LSW2-vlanif40]quit
```

7）配置 WLAN

（1）配置交换机 LSW4 的 WLAN。

```
[LSW4]vlan 70
[LSW4-vlan70]quit
[LSW4]interface e0/0/5
[LSW4-Ethernet0/0/5]port trunk pvid vlan 70
[LSW4-Ethernet0/0/5]port trunk allow-pass vlan 70      //Trunk 之前已创建
[LSW4-Ethernet0/0/5]quit
[LSW4]interface e0/0/4                                  //因为 e0/0/3 阻塞
[LSW4-Ethernet0/0/3]port trunk allow-pass vlan 70      //Trunk 之前已创建
[LSW4-Ethernet0/0/3]quit
```

（2）配置 LSW2 的 WLAN。

```
[LSW2]vlan 70
[LSW2-vlan70]quit
[LSW2]interface ge0/0/1
```

```
[LSW2-GigabitEthernet0/0/1]port trunk allow-pass vlan 70
[LSW2-GigabitEthernet0/0/1]quit
[LSW2]interface ge0/0/5
[LSW2-GigabitEthernet0/0/5]port trunk allow-pass vlan 50 70
[LSW2-GigabitEthernet0/0/5]quit
[LSW2]interface vlanif 50
[LSW2-vlanif50]ip address 192.168.50.1 24
[LSW2-vlanif50]dhcp select interface   //为无线客户分配 IP 地址
```

（3）配置 AC 的 WLAN。

```
<AC6005>system-view
Enter system view, return user view with Ctrl+Z
[AC6005]undo info-center enable
[AC6005]sysname AC
[AC]vlan batch 50 70
[AC]interface ge0/0/1
[AC-GigabitEthernet0/0/1]port link-type trunk
[AC-GigabitEthernet0/0/1]port trunk allow-pass vlan 50 70
[AC-GigabitEthernet0/0/1]quit
[AC]dhcp enable
[AC]interface vlanif 70
[AC-vlanif70]ip address 192.168.70.1 24
[AC-vlanif70]dhcp  select interface
[AC-vlanif70]quit
[AC-wlan-view]regulatory-domain-profile name x1
[AC-wlan-regulate-domain-x1]country-code CN
[AC-wlan-regulate-domain-x1]quit
[AC-wlan-view]ap-group name x
[AC-wlan-ap-group-x]regulatory-domain-profile x1
Warning: Modifying the country code will clear channel, power and antenna gain c
onfigurations of the radio and reset the AP. Continue?[Y/N]:y
[AC]capwap source interface vlanif 70
[AC]wlan
[AC-wlan-view]ap auth-mode mac-auth
[AC-wlan-view]ap-id 1 ap-mac 00e0-fc0f-47d0
[AC-wlan-ap-1]ap-name client
[AC-wlan-ap-1]ap-group x
Warning: This operation may cause AP reset. If the country code changes,
it will clear channel, power and antenna gain configurations of the radio, Whether
to continue? [Y/N]:y
```

注意：之所以 AP 获取不到地址，是因为 STP 阻塞了 E0/0/3，所以其他交换机需创建 VLAN 70，Trunk 应允许 VLAN 70 通过。

```
[LSW1]interface e0/0/4                                      //因为 E0/0/3 被阻塞
[LSW1-Ethernet0/0/3]port trunk allow-pass vlan 70     //Trunk 之前已创建
[LSW1-Ethernet0/0/3]quit
[AC]wlan
```

```
[AC-wlan-view]security-profile name y1
[AC-wlan-sec-prof-y1]security wpa-wpa2 psk pass-phrase huawei@123 aes
[AC-wlan-sec-prof-y1]quit
[AC-wlan-view]ssid-profile name y2
[AC-wlan-ssid-prof-y2]ssid hcia
Info: This operation may take a few seconds, please wait.done
[AC-wlan-ssid-prof-y2]quit
[AC-wlan-view]vap-profile name y
[AC-wlan-vap-prof-y]forward-mode tunnel
Info: This operation may take a few seconds, please wait.done
[AC-wlan-vap-prof-y]service-vlan vlan-id 50
[AC-wlan-vap-prof-y]security-profile y1
[AC-wlan-vap-prof-y]ssid-profile y2
[AC-wlan-vap-prof-y]quit
[AC-wlan-view]ap-group name x
[AC-wlan-ap-group-x]vap-profile y wlan 1 radio 0
```

8）搭建数据中心

```
[LSW1]interface vlanif 60
[LSW1-vlanif60]ip address 192.168.60.1 24
[LSW1-vlanif60]quit
```

9）内网相互访问

（1）配置 LSW1 的 IP 地址。

```
[LSW1]interface vlanif 200
[LSW1-vlanif200]ip address 200.1.1.1 24
[LSW1-vlanif200]quit
[LSW1]interface ge0/0/5
[LSW1-GigabitEthernet0/0/5]port link-type access
[LSW1-GigabitEthernet0/0/5]port default vlan 200
[LSW1-GigabitEthernet0/0/5]quit
```

（2）配置路由器。

```
<Huawei>system-view
Enter system view, return user view with Ctrl+Z
[Huawei]undo info-center enable
Info: Information center is disabled
[Huawei]sysname AR2
[AR2]interface ge0/0/0
[AR2-GigabitEthernet0/0/0]ip address 200.1.1.254 24
[AR2-GigabitEthernet0/0/0]quit
```

（3）运行 OSPF。

```
[AR2]ospf router-id 1.1.1.1
[AR2-ospf-1]area 0
[AR2-ospf-1-area-0.0.0.0]network 200.1.1.0 0.0.0.255
[AR2-ospf-1-area-0.0.0.0]quit
[LSW1]ospf router-id 2.2.2.2
```

```
[LSW1-ospf-1]area 0
[LSW1-ospf-1-area-0.0.0.0]network 192.168.60.0 0.0.0.255
[LSW1-ospf-1-area-0.0.0.0]network 192.168.10.0 0.0.0.255
[LSW1-ospf-1-area-0.0.0.0]network 192.168.20.0 0.0.0.255
[LSW1-ospf-1-area-0.0.0.0]quit
[LSW2]ospf router-id 3.3.3.3
[LSW2-ospf-1]area 0
[LSW2-ospf-1-area-0.0.0.0]network 192.168.30.0 0.0.0.255
[LSW2-ospf-1-area-0.0.0.0]network 192.168.40.0 0.0.0.255
[LSW2-ospf-1-area-0.0.0.0]network 192.168.50.0 0.0.0.255
```

注意：在 LSW1 和 LSW2 中要把 VLANIF 接口地址宣告进 OSPF。

（4）创建 VLANIF 1，192.168.80.0/30 网段配置在聚合口。

```
[LSW1]interface vlanif 1
[LSW1-vlanif1]ip address 192.168.80.1 30
[LSW1-vlanif1]quit
[LSW2]interface vlanif 1
[LSW2-vlanif1]ip address 192.168.80.2 30
[LSW2-vlanif1]quit
```

10）拨号上网

（1）配置拨号服务器。

```
<Huawei>system-view
Enter system view, return user view with Ctrl+Z
[Huawei]undo info-center enable
Info: Information center is disabled
[Huawei]sysname AR1
[AR1]interface LoopBack 0
[AR1-LoopBack0]ip address 8.8.8.8 24
[AR1-LoopBack0]quit

[AR1]ip pool bohao
Info: It's successful to create an IP address pool
[AR1-ip-pool-lw]network 100.1.1.0 mask 24
[AR1-ip-pool-lw]gateway-list 100.1.1.1
[AR1-ip-pool-lw]quit

[AR1]aaa
[AR1-aaa]local-user huawei password cipher 123
[AR1-aaa]local-user huawei service-type ppp

[AR1]interface Virtual-Template 1
[AR1-Virtual-Template1]ip address 100.1.1.1 24
[AR1-Virtual-Template1]pp authentication-mode chap
[AR1-Virtual-Template1]remote address pool bohao
[AR1-Virtual-Template1]quit
```

```
[AR1]interface ge0/0/0
[AR1-GigabitEthernet0/0/0]pppoe-server bind virtual-template 1
[AR1-GigabitEthernet0/0/0]quit
```

（2）配置拨号客户端。

```
[AR2]interface Dialer 0
[AR2-Dialer0]dialer user user1
[AR2-Dialer0]dialer bundle 1
[AR2-Dialer0]ppp chap user huawei
[AR2-Dialer0]ppp chap password cipher 123
[AR2-Dialer0]ip address ppp-negotiate
[AR2-Dialer0]quit
[AR2]interface ge0/0/1
[AR2-GigabitEthernet0/0/1]pppoe-client dial-bundle-number 1
[AR2-GigabitEthernet0/0/1]
```

查看客户端是否通过 PPPoE 获得了 IP 地址。

```
[AR2]display ip interface brief
*down: administratively down
^down: standby
(l): loopback
(s): spoofing
The number of interface that is UP in Physical is 4
The number of interface that is DOWN in Physical is 1
The number of interface that is UP in Protocol is 3
The number of interface that is DOWN in Protocol is 2

Interface                     IP Address/Mask     Physical     Protocol
Dialer0                       100.1.1.254/32      up           up(s)
GigabitEthernet0/0/0          unassigned          up           down
GigabitEthernet0/0/1          200.1.1.254/24      up           up
GigabitEthernet0/0/2          unassigned          down         down
NULL0                         unassigned          up           up(s)
```

（3）配置 NAT，使私有网络的计算机能够访问外部网络。

① 配置 ACL，定义需要地址转换的流量。

```
[AR2]acl 2000
//匹配需要访问外网的设备流量
[AR2-acl-basic-2000]rule permit source 192.168.0.0 0.0.255.255
```

② 在接口配置 Easy IP。

```
[AR2]interface Dialer 0
[AR2-Dialer0]nat outbound 2000            //在 Dialer 0 口调用 ACL 2000
```

③ 配置默认路由访问外网。

```
[AR2]ip route-static 0.0.0.0 0 Dialer 0   //配置默认路由，下一跳出口为 Dialer 口
[AR2]ospf
[AR2-ospf-1]default-route-advertise        //下发默认路由
```

11）实验调试

（1）在 PC1 上查看是否获得了 IP 地址，可以看到 PC1 获取到 IP 地址。

```
PC>ipconfig

Link local IPv6 address...........: fe80::5689:98ff:fe02:17e5
IPv6 address.....................: :: / 128
IPv6 gateway.....................: ::
IPv4 address.....................: 192.168.10.254
Subnet mask......................: 255.255.255.0
Gateway..........................: 192.168.10.1
Physical address.................: 54-89-98-02-17-E5
DNS server.......................: 3.3.3.3
                                   4.4.4.4
```

（2）测试客户是否可以通过无线上网，结果如图 7-2 所示，可以看到，输入密码 huawei@123，可连接 SSID 为 hcia 的无线网络。

图 7-2　测试无线终端设备

（3）在 PC1 上访问外网 8.8.8.8。

```
PC>ping 8.8.8.8

Ping 8.8.8.8: 32 data bytes, Press Ctrl_C to break
From 8.8.8.8: bytes=32 seq=1 ttl=253 time=140 ms
From 8.8.8.8: bytes=32 seq=2 ttl=253 time=47 ms
From 8.8.8.8: bytes=32 seq=3 ttl=253 time=62 ms
From 8.8.8.8: bytes=32 seq=4 ttl=253 time=63 ms
From 8.8.8.8: bytes=32 seq=5 ttl=253 time=47 ms

--- 8.8.8.8 ping statistics ---
  5 packet(s) transmitted
  5 packet(s) received
  0.00% packet loss
```

```
    round-trip min/avg/max = 47/71/140 ms
```

（4）在本地计算机 ping 8.8.8.8，可以 ping 通。

```
C:\Users\Administrator>ping 8.8.8.8

正在 Ping 8.8.8.8 具有 32 字节的数据：
来自 8.8.8.8 的回复: 字节=32 时间=34 ms TTL=115
来自 8.8.8.8 的回复: 字节=32 时间=34 ms TTL=115
来自 8.8.8.8 的回复: 字节=32 时间=36 ms TTL=115
来自 8.8.8.8 的回复: 字节=32 时间=35 ms TTL=115

8.8.8.8 的 Ping 统计信息:
    数据包: 已发送 = 4, 已接收 = 4, 丢失 = 0 (0% 丢失),
往返行程的估计时间(以毫秒为单位):
    最短 = 34 ms, 最长 = 36 ms, 平均 = 34 ms
```

第 2 篇

华为 HCIP Datacom
项目实战

‖ 第 8 章 ‖
某企业 OSPF 项目案例

OSPF（Open Shortest Path First，开放式最短路径优先）是 IETF 组织开发的一个基于链路状态的内部网关协议（Interior Gateway Protocol）。目前针对 IPv4 协议使用的是 OSPF Version 2（RFC2328）；针对 IPv6 协议使用 OSPF Version 3（RFC2740）。

扫一扫，看视频

1. 项目拓扑

某企业 OSPF 项目拓扑如图 8-1 所示。

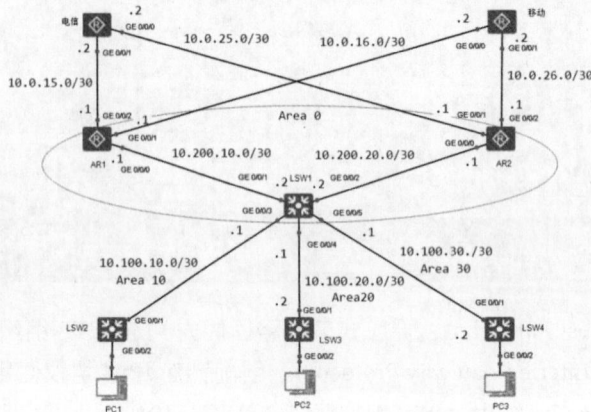

图 8-1　某企业 OSPF 项目拓扑

2. 项目需求

某企业网络使用 OSPF 作为 IGP（Interior Gataway Protocol，内部网关协议）协议，以实现内部网络的互联互通。区域规划和 IP 规划如图 8-1 所示，现要求实现如下需求。

（1）LSW1 和 AR1 使用 VLAN 210 互联，LSW1 与 AR2 使用 VLAN 220 互联，LSW1 与 LSW2、LSW3、LSW4 之间使用三层互联，LSW1 与 LSW2 使用 VLAN 10 互联，LSW1 与 LSW3 使用 VLAN 20 互联，LSW1 与 LSW4 使用 VLAN 30 互联。

（2）LSW2 作为 VLAN 100 的网关设备，LSW3 作为 VLAN 101 的网关设备，LSW4 作为 VLAN 102 的网关设备。

（3）配置 OSPF 多区域，实现企业内部网络的互联互通。

（4）企业拥有两个出口，分别是 AR1 和 AR2，通过双出口来实现冗余。现要求在 AR1、AR2 上配置浮动静态路由和 NAT，实现内部设备访问外部网络时通过 AR1 和 AR2 负载分担流量出去。优选电信链路，若电信链路故障，则选择联通链路。

3. 实验步骤

（1）设备重命名并配置 IP 地址。

① 配置 AR1。

```
<Huawei>system-view
[Huawei]sysname AR1
[AR1]interface ge0/0/0
[AR1-GigabitEthernet0/0/0]ip address 10.200.10.1 30
[AR1-GigabitEthernet0/0/0]quit
[AR1]interface ge0/0/1
[AR1-GigabitEthernet0/0/1]ip address 10.0.16.1 30
```

```
[AR1-GigabitEthernet0/0/1]quit
[AR1]interface ge0/0/2
[AR1-GigabitEthernet0/0/2]ip address 10.0.15.1 30
[AR1-GigabitEthernet0/0/2]quit
```

② 配置 AR2。

```
<Huawei>system-view
[Huawei]sysname AR2
[AR2]interface ge0/0/0
[AR2-GigabitEthernet0/0/0]ip address 10.200.20.1 30
[AR2-GigabitEthernet0/0/0]quit
[AR2]interface ge0/0/1
[AR2-GigabitEthernet0/0/1]ip address 10.0.25.1 30
[AR2-GigabitEthernet0/0/1]quit
[AR2]interface ge0/0/2
[AR2-GigabitEthernet0/0/2]ip address 10.0.26.1 30
[AR2-GigabitEthernet0/0/2]quit
```

③ 配置 LSW1。

```
<Huawei>system-view
[Huawei]sysname LSW1
[LSW1]vlan batch 10 20 30 40 50
[LSW1]interface ge0/0/1
[LSW1-GigabitEthernet0/0/1]port link-type access
[LSW1-GigabitEthernet0/0/1]port default vlan 10
[LSW1-GigabitEthernet0/0/1]quit
[LSW1]interface ge0/0/2
[LSW1-GigabitEthernet0/0/2]port link-type access
[LSW1-GigabitEthernet0/0/2]port default vlan 20
[LSW1-GigabitEthernet0/0/2]quit
[LSW1]interface ge0/0/3
[LSW1-GigabitEthernet0/0/3]port link-type trunk
[LSW1-GigabitEthernet0/0/3]port trunk allow-pass vlan 30
[LSW1-GigabitEthernet0/0/3]interface ge0/0/4
[LSW1-GigabitEthernet0/0/4]port link-type  trunk
[LSW1-GigabitEthernet0/0/4]port trunk  allow-pass  vlan 40
[LSW1-GigabitEthernet0/0/4]interface ge0/0/5
[LSW1-GigabitEthernet0/0/5]port link-type trunk
[LSW1-GigabitEthernet0/0/5]port trunk allow-pass vlan 50
[LSW1-GigabitEthernet0/0/5]quit
[LSW1]interface vlanif 10
[LSW1-vlanif10]ip address 10.200.10.2 30
[LSW1-vlanif10]quit
[LSW1]interface vlanif 20
[LSW1-vlanif20]ip address 10.200.20.2 30
[LSW1-vlanif20]quit
[LSW1]interface vlanif 30
```

```
[LSW1-vlanif30]ip address 10.100.10.1 30
[LSW1-vlanif30]quit
[LSW1]interface vlanif 40
[LSW1-vlanif40]ip address 10.100.20.1 30
[LSW1-vlanif40]quit
[LSW1]interface Vlanif 50
[LSW1-vlanif50]ip address 10.100.30.1 30
[LSW1-vlanif50]quit
```

④ 配置 LSW2。

```
<Huawei>system-view
[Huawei]sysname LSW2
[LSW2]vlan 30
[LSW2-vlan30]quit
[LSW2]vlan 100
[LSW2-vlan100]quit
[LSW2]interface ge0/0/1
[LSW2-GigabitEthernet0/0/1]port link-type trunk
[LSW2-GigabitEthernet0/0/1]port trunk allow-pass vlan 30
[LSW2-GigabitEthernet0/0/1]quit
[LSW2]interface ge0/0/2
[LSW2-GigabitEthernet0/0/2]port default vlan 100
[LSW2]interface vlanif 30
[LSW2-vlanif30]ip address 10.100.10.2 30
[LSW2-vlanif30]quit
[LSW2]interface vlanif 100
[LSW2-vlanif100]ip address 10.0.100.254 24
```

⑤ 配置 LSW3。

```
<Huawei>system-view
[Huawei]sysname LSW3
[LSW3]vlan 40
[LSW3-vlan40]quit
[LSW3]vlan 101
[LSW3-vlan101]quit
[LSW3]interface ge0/0/1
[LSW3-GigabitEthernet0/0/1]port link-type trunk
[LSW3-GigabitEthernet0/0/1]port trunk allow-pass vlan 40
[LSW3-GigabitEthernet0/0/1]quit
[LSW3]interface ge0/0/2
[LSW3-GigabitEthernet0/0/2]port default vlan 101
[LSW3]interface vlanif 40
[LSW3-vlanif40]ip address 10.100.20.2 30
[LSW3-vlanif40]quit
[LSW3]interface vlanif 101
[LSW3-vlanif101]ip address 10.0.101.254 24
```

⑥ 配置 LSW4。

```
<Huawei>system-view
[Huawei]sysname LSW4
[LSW4]vlan 50
[LSW4-vlan50]quit
[LSW4]vlan 102
[LSW4-vlan102]quit
[LSW4]interface ge0/0/1
[LSW4-GigabitEthernet0/0/1]port link-type trunk
[LSW4-GigabitEthernet0/0/1]port trunk allow-pass vlan 50
[LSW4-GigabitEthernet0/0/1]quit
[LSW4]interface ge0/0/2
[LSW4-GigabitEthernet0/0/2]port default vlan 102
[LSW4]interface vlanif 50
[LSW4-vlanif50]ip address 10.100.30.2 30
[LSW4]interface vlanif 102
[LSW4-vlanif102]ip address 10.0.102.254 24
```

⑦ 配置电信链路。

```
<Huawei>system-view
[Huawei]sysname DX
[DX]interface ge0/0/1
[DX-GigabitEthernet0/0/1]ip address 10.0.15.2 30
[DX-GigabitEthernet0/0/1]interface ge0/0/0
[DX-GigabitEthernet0/0/0]ip address 10.0.25.2 30
[DX-GigabitEthernet0/0/0]quit
```

⑧ 配置移动链路。

```
<Huawei>system-view
[Huawei]sysname YD
[YD]interface ge0/0/0
[YD-GigabitEthernet0/0/0]ip address 10.0.16.2 30
[YD-GigabitEthernet0/0/0]interface ge0/0/1
[YD-GigabitEthernet0/0/1]ip address 10.0.26.2 30
[YD-GigabitEthernet0/0/0]quit
```

（2）配置 OSPF 多区域。

① 配置 AR1 的 OSPF 多区域。

```
[AR1]ospf 1 router-id 10.0.1.1
[AR1-ospf-1]area 0
[AR1-ospf-1-area-0.0.0.0]network 10.200.10.0 0.0.0.255
[AR1-ospf-1-area-0.0.0.0]quit
[AR1-ospf-1]quit
```

② 配置 AR2 的 OSPF 多区域。

```
[AR2]ospf 1 router-id 10.0.2.2
[AR2-ospf-1]area 0
[AR2-ospf-1-area-0.0.0.0]network 10.200.20.0 0.0.0.255
```

```
[AR2-ospf-1-area-0.0.0.0]quit
[AR2-ospf-1]quit
```

③ 配置 LSW1 的 OSPF 多区域。

```
[LSW1]ospf 1 router-id 10.0.3.3
[LSW1-ospf-1]area 0
[LSW1-ospf-1-area-0.0.0.0]network 10.200.10.0 0.0.0.255
[LSW1-ospf-1-area-0.0.0.0]network 10.200.20.0 0.0.0.255
[LSW1-ospf-1-area-0.0.0.0]quit
[LSW1-ospf-1]area 10
[LSW1-ospf-1-area-0.0.0.10]network 10.100.10.0 0.0.0.255
[LSW1-ospf-1-area-0.0.0.10]quit
[LSW1-ospf-1]area 20
[LSW1-ospf-1-area-0.0.0.20]network 10.100.20.0 0.0.0.255
[LSW1-ospf-1-area-0.0.0.20]quit
[LSW1-ospf-1]area 30
[LSW1-ospf-1-area-0.0.0.30]network 10.100.30.0 0.0.0.255
[LSW1-ospf-1-area-0.0.0.30]quit
```

④ 配置 LSW2 的 OSPF 多区域。

```
[LSW2]ospf 1 router-id 10.0.4.4
[LSW2-ospf-1]area 10
[LSW2-ospf-1-area-0.0.0.10]network 10.100.10.0 0.0.0.255
[LSW2-ospf-1-area-0.0.0.10]network 10.0.100.0 0.0.0.255
[LSW2-ospf-1-area-0.0.0.10]quit
```

⑤ 配置 LSW3 的 OSPF 多区域。

```
[LSW3]ospf 1 router-id 10.0.5.5
[LSW3-ospf-1]area 20
[LSW3-ospf-1-area-0.0.0.20]network 10.100.20.0 0.0.0.255
[LSW3-ospf-1-area-0.0.0.20]network 10.0.101.0 0.0.0.255
[LSW3-ospf-1-area-0.0.0.0]quit
```

⑥ 配置 LSW4 的 OSPF 多区域。

```
[LSW4]ospf 1 router-id 10.0.5.5
[LSW4-ospf-1]area 30
[LSW4-ospf-1-area-0.0.0.30]network 10.100.30.0 0.0.0.255
[LSW4-ospf-1-area-0.0.0.30]network 10.0.102.0 0.0.0.255
[LSW4-ospf-1-area-0.0.0.30]quit
```

⑦ 在核心设备 LSW1 上查看设备之间的邻居关系建立情况，可以发现设备之间的邻居关系已经全部建立。

```
[LSW1]display ospf peer brief

          OSPF Process 1 with Router ID 10.0.3.3
                Peer Statistic Information
    -----------------------------------------------------------------
    Area Id        Interface              Neighbor id      State
    -----------------------------------------------------------------
```

```
0.0.0.0          vlanif210                  10.0.1.1          FuLL
0.0.0.0          vlanif220                  10.0.2.2          FuLL
0.0.0.10         vlanif10                   10.0.4.4          FuLL
0.0.0.20         vlanif20                   10.0.5.5          FuLL
0.0.0.30         vlanif30                   10.0.6.6          FuLL
-------------------------------------------------------------------------
```

⑧ 查看核心设备的路由表，可以看到核心设备已学习到各个内部网段的路由信息。

```
[LSW1]display ip routing-table protocol ospf
Route Flags: R - relay, D - download to fib
-------------------------------------------------------------------------
Public routing table : OSPF
        Destinations : 3        Routes : 3

OSPF routing table status : <Active>
        Destinations : 3        Routes : 3

Destination/Mask      Proto   Pre Cost      Flags NextHop       Interface

    10.0.100.0/24     OSPF    10  2          D    10.100.10.2   vlanif10
    10.0.101.0/24     OSPF    10  2          D    10.100.20.2   vlanif20
    10.0.102.0/24     OSPF    10  2          D    10.100.30.2   vlanif30
```

（3）配置企业出口浮动静态路，使出口拥有访问外部网络的能力，为后续 NAT 做准备。

① 配置 AR1。

```
[AR1]ip route-static 0.0.0.0 0 10.0.15.2 preference 50
[AR1]ip route-static 0.0.0.0 0 10.0.16.2
```

查看 AR1 的路由表。

```
[AR1]display ip routing-table protocol  static
Route Flags: R - relay, D - download to fib
-------------------------------------------------------------------------
Public routing table : Static
        Destinations : 1        Routes : 2        Configured Routes : 2

Static routing table status : <Active>
        Destinations : 1        Routes : 1

Destination/Mask    Proto   Pre  Cost    Flags NextHop     Interface

    0.0.0.0/0       Static  50   0        RD   10.0.15.2   GigabitEthernet0/0/2

Static routing table status : <Inactive>
        Destinations : 1        Routes : 1

Destination/Mask    Proto   Pre  Cost    Flags NextHop     Interface
```

```
            0.0.0.0/0   Static  60   0        R   10.0.16.2  GigabitEthernet0/0/1
```

② 配置 AR2。

```
[AR2]ip route-static 0.0.0.0 0 10.0.25.2 preference 50
[AR2]ip route-static 0.0.0.0 0 10.0.26.2
```

查看 AR2 的路由表。

```
[AR2]display ip routing-table protocol static
Route Flags: R - relay, D - download to fib
------------------------------------------------------------------
Public routing table : Static
        Destinations : 1       Routes : 2       Configured Routes : 2
Static routing table status : <Active>
        Destinations : 1       Routes : 1
Destination/Mask   Proto   Pre  Cost     Flags NextHop       Interface
        0.0.0.0/0  Static  50   0        RD    10.0.25.2
GigabitEthernet0/0/1
Static routing table status : <Inactive>
        Destinations : 1       Routes : 1
Destination/Mask   Proto   Pre  Cost     Flags NextHop       Interface
        0.0.0.0/0  Static  60   0        R     10.0.26.2
GigabitEthernet0/0/2
```

通过以上输出可以知道，去往电信的路由状态为 active，去往移动的路由状态为 inactive，说明两台出口设备中电信为主链路，移动为备份链路。

出口设备只有去往外部网络的路由是不够的，内部的三层设备也需要拥有去往外部网络的路由，如此才能将去往外网的流量传递出去，因此还需要在出口设备下发默认路由。

（4）下发默认路由。

① 配置 AR1 的默认路由。

```
[AR1]ospf 1
[AR1-ospf-1]default-route-advertise
```

② 配置 AR2 的默认路由。

```
[AR2]ospf 1
[AR2-ospf-1]default-route-advertise
```

③ 查看 LSW1 的路由表。

```
<LSW1>display ip routing-table protocol ospf
Route Flags: R - relay, D - download to fib
------------------------------------------------------------------
Public routing table : OSPF
        Destinations : 4       Routes : 5

OSPF routing table status : <Active>
        Destinations : 4       Routes : 5

Destination/Mask   Proto   Pre  Cost     Flags NextHop       Interface
```

0.0.0.0/0	O_ASE	150	1	D	10.200.10.1	vlanif210
	O_ASE	150	1	D	10.200.20.1	vlanif220
10.0.100.0/24	OSPF	10	2	D	10.100.10.2	vlanif10
10.0.101.0/24	OSPF	10	2	D	10.100.20.2	vlanif20
10.0.102.0/24	OSPF	10	2	D	10.100.30.2	vlanif30

通过以上输出可以看到，LSW1 学到了两条缺省路由。

（5）配置 NAT。由于是双出口，因此每个出口都需要应用 NAT。

① 配置 AR1 的 NAT。

```
[AR1]acl 2000
[AR1-acl-basic-2000]rule permit source any
[AR1-acl-basic-2000]quit
[AR1]acl 2001
[AR1-acl-basic-2000]rule permit source any
[AR1-acl-basic-2000]quit
[AR1]interface ge0/0/01
[AR1-GigabitEthernet0/0/1]nat outbound 2000
[AR1-GigabitEthernet0/0/1]interface g0/0/02
[AR1-GigabitEthernet0/0/2]nat outbound 2001
[AR1-GigabitEthernet0/0/2]quit
```

② 配置 AR2 的 NAT。

```
[AR2]acl 2000
[AR2-acl-basic-2000]rule permit source any
[AR2-acl-basic-2000]quit
[AR2]acl 2001
[AR2-acl-basic-2000]rule permit source any
[AR2-acl-basic-2000]quit
[AR2]interface ge0/0/1
[AR2-GigabitEthernet0/0/1]nat outbound 2000
[AR2-GigabitEthernet0/0/1]interface ge0/0/2
[AR2-GigabitEthernet0/0/2]nat outbound 2001
[AR2-GigabitEthernet0/0/2]quit
```

③ 在 PC2 上访问 100.100.100.100，结果如图 8-2 所示。

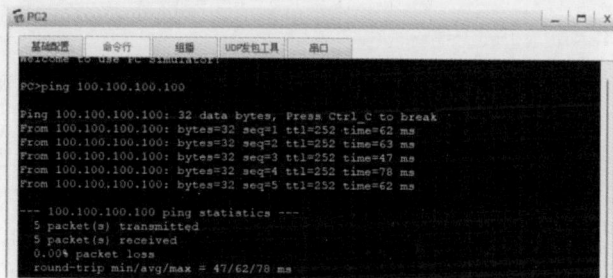

图 8-2　在 PC2 上访问 100.100.100.100

‖ 第 9 章 ‖
某企业 BGP 项目案例

BGP（Border Gateway Protocol，边界网关协议）是一种用来在路由选择域之间 NLRI（Network Layer Reachability Information，交换网络层可达性信息）的路由选择协议。由于不同的管理机构分别控制着他们各自的路由选择域，因此，路由选择域经常被称为 AS（Autonomous System，自治系统）。现在的 Internet 是一个由多个自治系统相互连接构成的大网络，BGP 作为事实上的 Internet 外部路由协议标准，被广泛应用于 ISP（Internet Service Provider，互联网提供商）之间。

扫一扫，看视频

1. 项目拓扑

某企业 BGP 项目拓扑如图 9-1 所示。

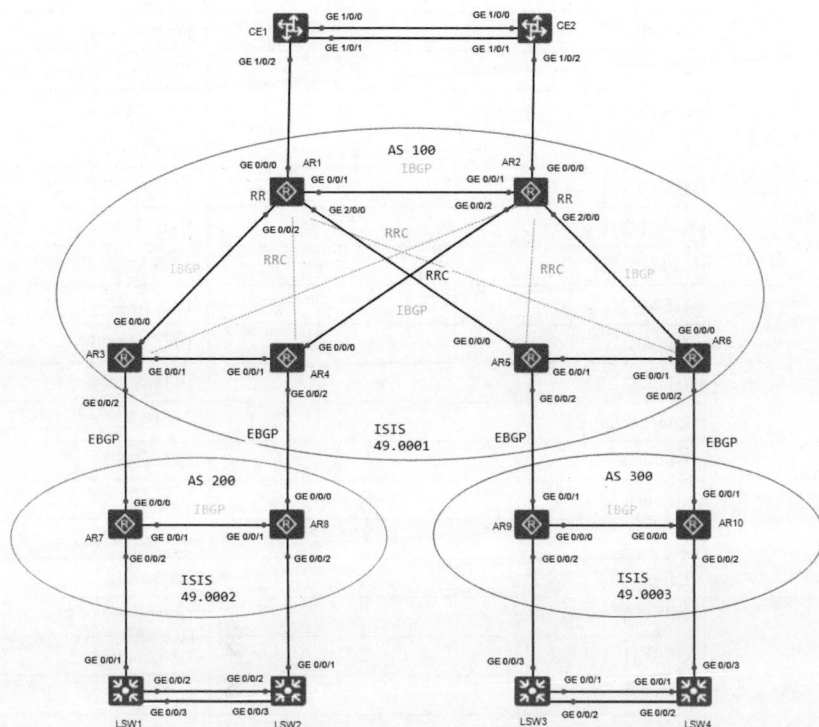

图 9-1　某企业 BGP 项目拓扑

2. 项目需求

某企业网络使用 ISIS（Intermediate System to Intermediate System，中间系统到中间系统）作为 IGP 协议，实现内部网络的互联互通，用 BGP 实现外部网络互联互通。IP 地址规划如表 9-1 所示。现有如下需求。

（1）AS 100、AS 200 和 AS 300 使用 ISIS 实现内部互联。

（2）在 AS 和 AS 之间配置 BGP，实现自治系统互联。

（3）AR1 和 AR2 作为 RR 设备。

表 9-1　IP 地址规划

设备名称	接口编号	IP 地址
AR1	GE0/0/1	10.0.12.1/24
	GE0/0/2	10.0.13.1/24
	GE2/0/0	10.0.15.1/24
	Loopback 0	1.1.1.1/32

续表

设备名称	接口编号	IP 地址
AR2	GE0/0/1	10.0.12.2/24
	GE0/0/2	10.0.24.2/24
	GE2/0/0	10.0.26.0/24
	Loopback 0	2.2.2.2/32
AR3	GE0/0/0	10.0.13.3/24
	GE0/0/1	10.0.34.3/24
	GE0/0/2	10.0.37.7/24
	Loopback 0	3.3.3.3/32
AR4	GE0/0/0	10.0.24.4/24
	GE0/0/1	10.0.34.4/24
	GE0/0/2	10.0.48.4/24
	Loopback 0	4.4.4.4/32
AR5	GE0/0/0	10.0.15.5/24
	GE0/0/1	10.0.56.5/24
	GE0/0/2	10.0.59.5/24
	Loopback 0	5.5.5.5/32
AR6	GE0/0/0	10.0.26.3/24
	GE0/0/1	10.0.56.6/24
	GE0/0/2	10.0.106.6/24
	Loopback 0	6.6.6.6/32
AR7	GE0/0/0	10.0.37.7/24
	GE0/0/1	10.0.78.7/24
	GE0/0/2	77.1.1.724
	Loopback 0	7.7.7.7/32
AR8	GE0/0/0	10.0.48.8/24
	GE0/0/1	10.0.78.8/24
	GE0/0/2	88.1.1.8/24
	Loopback 0	8.8.8.8/32
AR9	GE0/0/0	10.0.109.9/24
	GE0/0/1	10.0.59.9/24
	GE0/0/2	99.1.1.9/24
	Loopback 0	9.9.9.9/32
AR10	GE0/0/0	10.0.109.10/24
	GE0/0/1	10.0.106.10/24
	GE0/0/2	11.1.1.10/24
	Loopback 0	10.10.10.10/32

3. 实验步骤

（1）配置 IGP。

① 配置 AR1 的 IGP。

```
[AR1]isis
[AR1-isis-1]network-entity 49.0001.0000.0000.0001.00
[AR1-isis-1]quit

[AR1]interface ge0/0/1
[AR1-GigabitEthernet0/0/1]isis enable
[AR1-GigabitEthernet0/0/1]quit

[AR1]interface ge0/0/2
[AR1-GigabitEthernet0/0/2]isis enable
[AR1-GigabitEthernet0/0/2]quit

[AR1]interface ge2/0/0
[AR1-GigabitEthernet2/0/0]isis enable
[AR1-GigabitEthernet2/0/0]quit

[AR1]interface loopback 0
[AR1-LoopBack0]isis enable
[AR1-LoopBack0]quit
```

② 配置 AR2 的 IGP。

```
[AR2]isis
[AR2-isis-1]network-entity 49.0001.0000.0000.0002.00
[AR2-isis-1]quit

[AR2]interface ge0/0/1
[AR2-GigabitEthernet0/0/1]isis enable
[AR2-GigabitEthernet0/0/1]quit

[AR2]interface ge0/0/2
[AR2-GigabitEthernet0/0/2]isis enable
[AR2-GigabitEthernet0/0/2]quit

[AR2]interface ge2/0/0
[AR2-GigabitEthernet2/0/0]isis enable
[AR2-GigabitEthernet2/0/0]quit

[AR2]interface loopback 0
[AR2-LoopBack0]isis enable
[AR2-LoopBack0]quit
```

③ 配置 AR3 的 IGP。

```
[AR3]isis
```

```
[AR3-isis-1]network-entity 49.0001.0000.0000.0003.00
[AR3-isis-1]quit

[AR3]interface ge0/0/0
[AR3-GigabitEthernet0/0/0]isis enable
[AR3-GigabitEthernet0/0/0]quit

[AR3]interface ge0/0/1
[AR3-GigabitEthernet0/0/1]isis enable
[AR3-GigabitEthernet0/0/1]quit

[AR3]interface loopback 0
[AR3-LoopBack0]isis enable
[AR3-LoopBack0]quit
```

④ 配置 AR4 的 IGP。

```
[AR4]isis
[AR4-isis-1]network-entity 49.0001.0000.0000.0004.00
[AR4-isis-1]quit

[AR4]interface ge0/0/0
[AR4-GigabitEthernet0/0/0]isis enable
[AR4-GigabitEthernet0/0/0]quit

[AR4]interface ge0/0/1
[AR4-GigabitEthernet0/0/1]isis enable
[AR4-GigabitEthernet0/0/1]quit

[AR4]interface loopback 0
[AR4-LoopBack0]isis enable
[AR4-LoopBack0]quit
```

⑤ 配置 AR5 的 IGP。

```
[AR5]isis
[AR5-isis-1]network-entity 49.0001.0000.0000.0005.00
[AR5-isis-1]quit

[AR5]interface ge0/0/0
[AR5-GigabitEthernet0/0/0]isis enable
[AR5-GigabitEthernet0/0/0]quit

[AR5]interface ge0/0/1
[AR5-GigabitEthernet0/0/1]isis enable
[AR5-GigabitEthernet0/0/1]quit

[AR5]interface loopback 0
[AR5-LoopBack0]isis enable
```

```
[AR5-LoopBack0]quit
```

⑥ 配置 AR6 的 IGP。

```
[AR6]isis
[AR6-isis-1]network-entity 49.0001.0000.0000.0006.00
[AR6-isis-1]quit

[AR6]interface ge0/0/1
[AR6-GigabitEthernet0/0/1]isis enable
[AR6-GigabitEthernet0/0/1]quit

[AR6]interface ge0/0/0
[AR6-GigabitEthernet0/0/0]isis enable
[AR6-GigabitEthernet0/0/0]quit

[AR6]interface loopback 0
[AR6-LoopBack0]isis enable
[AR6-LoopBack0]quit
```

⑦ 配置 AR7 的 IGP。

```
[AR7]isis
[AR7-isis-1]network-entity 49.0002.0000.0000.0007.00
[AR7-isis-1]quit

[AR7]interface ge0/0/1
[AR7-GigabitEthernet0/0/1]isis enable
[AR7-GigabitEthernet0/0/1]quit

[AR7]interface ge0/0/2
[AR7-GigabitEthernet0/0/2]isis enable
[AR7-GigabitEthernet0/0/2]quit

[AR7]interface loopback 0
[AR7-LoopBack0]isis enable
[AR7-LoopBack0]quit
```

⑧ 配置 AR8 的 IGP。

```
[AR8]isis
[AR8-isis-1]network-entity 49.0002.0000.0000.0008.00
[AR8-isis-1]quit

[AR8]interface ge0/0/1
[AR8-GigabitEthernet0/0/1]isis enable
[AR8-GigabitEthernet0/0/1]quit

[AR8]interface ge0/0/2
[AR8-GigabitEthernet0/0/2]isis enable
[AR8-GigabitEthernet0/0/2]quit
```

```
[AR8]interface loopback 0
[AR8-LoopBack0]isis enable
[AR8-LoopBack0]quit
```

⑨ 配置 AR9 的 IGP。

```
[AR9]isis
[AR9-isis-1]network-entity 49.0003.0000.0000.0009.00
[AR9-isis-1]quit

[AR9]interface ge0/0/0
[AR9-GigabitEthernet0/0/0]isis enable
[AR9-GigabitEthernet0/0/0]quit

[AR9]interface ge0/0/2
[AR9-GigabitEthernet0/0/2]isis enable
[AR9-GigabitEthernet0/0/2]quit

[AR9]interface loopback 0
[AR9-LoopBack0]isis enable
[AR9-LoopBack0]quit
```

⑩ 配置 AR10 的 IGP。

```
[AR10]isis
[AR10-isis-1]network-entity 49.0003.0000.0000.00010.00
[AR10-isis-1]quit

[AR10]interface ge0/0/0
[AR10-GigabitEthernet0/0/0]isis enable
[AR10-GigabitEthernet0/0/0]quit

[AR10]interface ge0/0/2
[AR10-GigabitEthernet0/0/2]isis enable
[AR10-GigabitEthernet0/0/2]quit

[AR10]interface loopback 0
[AR10-LoopBack0]isis enable
[AR10-LoopBack0]quit
```

检查 ISIS 邻居关系是否建立完成。

```
<AR1>display isis peer

                    Peer information for ISIS(1)

  System Id    Interface    Circuit Id         State HoldTime Type    PRI
  --------------------------------------------------------------------------
  0000.0000.0002  GE0/0/1    0000.0000.0002.01 Up    8s       L1(L1L2) 64
  0000.0000.0002  GE0/0/1    0000.0000.0002.01 Up    8s       L2(L1L2) 64
```

```
0000.0000.0003  GE0/0/2      0000.0000.0001.02 Up   23s      L1(L1L2) 64
0000.0000.0003  GE0/0/2      0000.0000.0001.02 Up   22s      L2(L1L2) 64
0000.0000.0005 ·GE2/0/0      0000.0000.0005.01 Up   7s       L1(L1L2) 64
0000.0000.0005  GE2/0/0      0000.0000.0005.01 Up   7s       L2(L1L2) 64


Total Peer(s): 6
<AR1>
```

通过在 AR1 上执行命令，display isis peer，可以查询到 AR1 与 AR2、AR3 以及 AR5 均建立了 ISIS 邻居关系。

查看路由表中是否有路由。

```
<AR1>display ip routing-table
Route Flags: R - relay, D - download to fib
----------------------------------------------------------------------------
Routing Tables: Public
        Destinations : 23      Routes : 25

Destination/Mask    Proto   Pre  Cost Flags NextHop     Interface

        1.1.1.1/32  Direct  0    0     D    127.0.0.1   LoopBack0
        2.2.2.2/32  ISIS-L1 15   10    D    10.0.12.2   GigabitEthernet0/0/1
        3.3.3.3/32  ISIS-L1 15   10    D    10.0.13.3   GigabitEthernet0/0/2
        4.4.4.4/32  ISIS-L1 15   20    D    10.0.13.3   GigabitEthernet0/0/2
                    ISIS-L1 15   20    D    10.0.12.2   GigabitEthernet0/0/1
        5.5.5.5/32  ISIS-L1 15   10    D    10.0.15.5   GigabitEthernet2/0/0
        6.6.6.6/32  ISIS-L1 15   20    D    10.0.15.5   GigabitEthernet2/0/0
                    ISIS-L1 15   20    D    10.0.12.2   GigabitEthernet0/0/1
     10.0.12.0/24   Direct  0    0     D    10.0.12.1   GigabitEthernet0/0/1
     10.0.12.1/32   Direct  0    0     D    127.0.0.1   GigabitEthernet0/0/1
   10.0.12.255/32   Direct  0    0     D    127.0.0.1   GigabitEthernet0/0/1
     10.0.13.0/24   Direct  0    0     D    10.0.13.1   GigabitEthernet0/0/2
     10.0.13.1/32   Direct  0    0     D    127.0.0.1   GigabitEthernet0/0/2
   10.0.13.255/32   Direct  0    0     D    127.0.0.1   GigabitEthernet0/0/2
     10.0.15.0/24   Direct  0    0     D    10.0.15.1   GigabitEthernet2/0/0
     10.0.15.1/32   Direct  0    0     D    127.0.0.1   GigabitEthernet2/0/0
   10.0.15.255/32   Direct  0    0     D    127.0.0.1   GigabitEthernet2/0/0
     10.0.24.0/24   ISIS-L1 15   20    D    10.0.12.2   GigabitEthernet0/0/1
     10.0.26.0/24   ISIS-L1 15   20    D    10.0.12.2   GigabitEthernet0/0/1
     10.0.34.0/24   ISIS-L1 15   20    D    10.0.13.3   GigabitEthernet0/0/2
     10.0.56.0/24   ISIS-L1 15   20    D    10.0.15.5   GigabitEthernet2/0/0
     127.0.0.0/8    Direct  0    0     D    127.0.0.1   InLoopBack0
     127.0.0.1/32   Direct  0    0     D    127.0.0.1   InLoopBack0
127.255.255.255/32  Direct  0    0     D    127.0.0.1   InLoopBack0
255.255.255.255/32  Direct  0    0     D    127.0.0.1   InLoopBack0
<AR1>
```

通过查看 AR1 上的路由表，可以发现 AR1 通过 ISIS 学习到了 AS 100 内部的路由，现在

AS 100 内已经实现互联互通。

（2）配置 IBGP。

① 配置 AR1 的 IBGP（Internal Border Gateway Protocol，内部 BGP）。

```
[AR1]bgp 100
[AR1-bgp]peer 2.2.2.2 as-number 100
[AR1-bgp]peer 2.2.2.2 connect-interface LoopBack 0
[AR1-bgp]peer 3.3.3.3 as-number 100
[AR1-bgp]peer 3.3.3.3 connect-interface LoopBack 0
[AR1-bgp]peer 4.4.4.4 as-number 100
[AR1-bgp]peer 4.4.4.4 connect-interface LoopBack 0
[AR1-bgp]peer 5.5.5.5 as-number 100
[AR1-bgp]peer 5.5.5.5 connect-interface LoopBack 0
[AR1-bgp]peer 6.6.6.6 as-number 100
[AR1-bgp]peer 6.6.6.6 connect-interface LoopBack 0
```

② 配置 AR2 的 IBGP。

```
[AR2]bgp 100
[AR2-bgp]peer 1.1.1.1 as-number 100
[AR2-bgp]peer 1.1.1.1 connect-interface LoopBack 0
[AR2-bgp]peer 3.3.3.3 as-number 100
[AR2-bgp]peer 3.3.3.3 connect-interface LoopBack 0
[AR2-bgp]peer 4.4.4.4 as-number 100
[AR2-bgp]peer 4.4.4.4 connect-interface LoopBack 0
[AR2-bgp]peer 5.5.5.5 as-number 100
[AR2-bgp]peer 5.5.5.5 connect-interface LoopBack 0
[AR2-bgp]peer 6.6.6.6 as-number 100
[AR2-bgp]peer 6.6.6.6 connect-interface LoopBack 0
```

③ 配置 AR3 的 IBGP。

```
[AR3]bgp 100
[AR3-bgp]peer 1.1.1.1 as-number 100
[AR3-bgp]peer 1.1.1.1 connect-interface LoopBack 0
[AR3-bgp]peer 2.2.2.2 as-number 100
[AR3-bgp]peer 2.2.2.2 connect-interface LoopBack 0
```

④ 配置 AR4 的 IBGP。

```
[AR4]bgp 100
[AR4-bgp]peer 1.1.1.1 as-number 100
[AR4-bgp]peer 1.1.1.1 connect-interface LoopBack 0
[AR4-bgp]peer 2.2.2.2 as-number 100
[AR4-bgp]peer 2.2.2.2 connect-interface LoopBack 0
```

⑤ 配置 AR5 的 IBGP。

```
[AR5]bgp 100
[AR5-bgp]peer 1.1.1.1 as-number 100
[AR5-bgp]peer 1.1.1.1 connect-interface LoopBack 0
[AR5-bgp]peer 2.2.2.2 as-number 100
```

```
[AR5-bgp]peer 2.2.2.2 connect-interface LoopBack 0
```

⑥ 配置 AR6 的 IBGP。

```
[AR6]bgp 100
[AR6-bgp]peer 1.1.1.1 as-number 100
[AR6-bgp]peer 1.1.1.1 connect-interface LoopBack 0
[AR6-bgp]peer 2.2.2.2 as-number 100
[AR6-bgp]peer 2.2.2.2 connect-interface LoopBack 0
```

⑦ 配置 AR7 的 IBGP。

```
[AR7]bgp 200
[AR7-bgp]peer 8.8.8.8 as-number 200
[AR7-bgp]peer 8.8.8.8 connect-interface LoopBack 0
[AR7-bgp]quit
```

⑧ 配置 AR8 的 IBGP。

```
[AR8]bgp 200
[AR8-bgp]peer 7.7.7.7 as-number 200
[AR8-bgp]peer 7.7.7.7 connect-interface LoopBack 0
[AR8-bgp]quit
```

⑨ 配置 AR9 的 IBGP。

```
[AR9]bgp 300
[AR9-bgp]peer 10.10.10.10 as-number 300
[AR9-bgp]peer 10.10.10.10 connect-interface LoopBack 0
[AR9-bgp]quit
```

⑩ 配置 AR10 的 IBGP。

```
[AR10]bgp 300
[AR10-bgp]peer 9.9.9.9 as-number 300
[AR10-bgp]peer 9.9.9.9 connect-interface LoopBack 0
[AR10-bgp]quit
```

在 AR1 上查看 BGP 邻居关系,可以看到 AR1 已经与 AS 100 内其他所有设备完成了 IBGP 对等体的建立邻居状态为 Established,表示成功建立 BGP 对等体。

```
<AR1>display bgp peer

 BGP local router ID : 10.0.12.1
 Local AS number : 100
 Total number of peers : 5          Peers in established state : 5

 Peer        V      AS MsgRcvd MsgSent  OutQ  Up/Down       State PrefRcv

 2.2.2.2     4     100      27      29     0  00:25:27 Established        0
 3.3.3.3     4     100      14      17     0  00:12:55 Established        0
 4.4.4.4     4     100       2       2     0  00:00:44 Established        0
 5.5.5.5     4     100       9      10     0  00:07:45 Established        0
 6.6.6.6     4     100       2       2     0  00:00:25 Established        0
<AR1>
```

（3）配置 EBGP 对等体。

① 配置 AR3 的 EBGP（External Border Gateway Protocol，外部 BGP）对等体。

```
[AR3]bgp 100
[AR3-bgp]peer 10.0.37.7 as-number 200
```

② 配置 AR7 的 EBGP 对等体。

```
[AR7]bgp 200
[AR7-bgp]peer 10.0.37.3 as-number 100
```

③ 配置 AR4 的 EBGP 对等体。

```
[AR4]bgp 100
[AR4-bgp]peer 10.0.48.8 as-number 200
```

④ 配置 AR8 的 EBGP 对等体。

```
[AR8]bgp 200
[AR8-bgp]peer 10.0.48.4 as-number 100
```

⑤ 配置 AR5 的 EBGP 对等体。

```
[AR5]bgp 100
[AR5-bgp]peer 10.0.59.9 as-number 300
```

⑥ 配置 AR9 的 EBGP 对等体。

```
[AR9]bgp 300
[AR9-bgp]peer 10.0.59.5 as-number 100
```

⑦ 配置 AR6 的 EBGP 对等体。

```
[AR6]bgp 100
[AR6-bgp]peer 10.0.106.6 as-number 300
```

⑧ 配置 AR10 的 EBGP 对等体。

```
[AR10]bgp 300
[AR10-bgp]peer 10.0.106.10 as-number 100
```

在 AR3 上查看 BGP 对等体关系，可以发现 AR3 与 AR7 建立了对等体关系，且它们的 AS 不同，所以它们为 EBGP 对等体关系。

```
<AR3>display bgp peer

 BGP local router ID : 10.0.13.3
 Local AS number : 100
 Total number of peers : 3            Peers in established state : 3

  Peer         V       AS  MsgRcvd  MsgSent  OutQ  Up/Down      State PrefRcv

  1.1.1.1      4      100       26       26     0 00:24:12 Established        0
  2.2.2.2      4      100       13       15     0 00:11:16 Established        0
  10.0.37.7    4      200        6        7     0 00:04:57 Established        0
<AR3>
```

（4）在 AR7 上创建一个环回口并宣告进 BGP。

```
[AR7]interface LoopBack 1
```

```
[AR7-LoopBack1]ip address 70.70.70.70 32
[AR7-LoopBack1]quit
[AR7]bgp 200
[AR7-bgp]network 70.70.70.70 32
[AR7-bgp]quit
```

（5）在 AR3 上查询 BGP 路由表，可以发现 70.70.70.70/32 的路由是有效且最优的。注意，这里的下一跳为 10.0.37.7。

```
<AR3>display bgp routing-table

BGP Local router ID is 10.0.13.3
Status codes: * - valid, > - best, d - damped,
              h - history, i - internal, s - suppressed, S - Stale
              Origin : i - IGP, e - EGP, ? - incomplete


Total Number of Routes: 1
      Network          NextHop     MED   LocPrf    PrefVal Path/Ogn

 *>   70.70.70.70/32   10.0.37.7   0               0       200i
<AR3>
```

（6）在 AR1 上查询 BGP 路由表，可以发现 AR1 上的 70.70.70.70/32 的路由不是有效路由，这是因为 AR3 将来自 EBGP 对等体 AR7 的路由传递给 IBGP 对等体 AR1 时默认会保持下一跳属性不变，但 10.0.37.7 对于 AR1 而言是不可达的。因此，需要在 AR3 上将 70.70.70.70/32 的路由下一跳设为本地。

```
<AR1>display bgp routing-table

BGP Local router ID is 10.0.12.1
Status codes: * - valid, > - best, d - damped,
              h - history, i - internal, s - suppressed, S - Stale
              Origin : i - IGP, e - EGP, ? - incomplete


Total Number of Routes: 2
      Network          NextHop     MED   LocPrf    PrefVal Path/Ogn

 i    70.70.70.70/32   10.0.37.7   0     100       0       200i
 i                     10.0.48.8         100       0       200i
<AR1>
```

（7）将下一跳设为本地。

① 配置 AR3。

```
[AR3]bgp 100
[AR3-bgp]peer 1.1.1.1 next-hop-local
[AR3-bgp]peer 2.2.2.2 next-hop-local
```

```
[AR3-bgp]quit
```

② 配置 AR4。

```
[AR4]bgp 100
[AR4-bgp]peer 1.1.1.1 next-hop-local
[AR4-bgp]peer 2.2.2.2 next-hop-local
[AR4-bgp]quit
```

③ 配置 AR5。

```
[AR5]bgp 100
[AR5-bgp]peer 1.1.1.1 next-hop-local
[AR5-bgp]peer 2.2.2.2 next-hop-local
[AR5-bgp]quit
```

④ 配置 AR6。

```
[AR6]bgp 100
[AR6-bgp]peer 1.1.1.1 next-hop-local
[AR6-bgp]peer 2.2.2.2 next-hop-local
[AR6-bgp]quit
```

（8）再次在 AR1 上查询 BGP 路由表，可以发现 70.70.70.70/32 的路由已经是有效路由。

```
<AR1>display bgp routing-table

BGP Local router ID is 10.0.12.1
Status codes: * - valid, > - best, d - damped,
              h - history, i - internal, s - suppressed, S - Stale
              Origin : i - IGP, e - EGP, ? - incomplete


Total Number of Routes: 2
      Network              NextHop        MED    LocPrf   PrefVal Path/Ogn

 *>i  70.70.70.70/32       3.3.3.3        0      100      0       200i
 *  i                      4.4.4.4               100      0       200i
<AR1>
```

（9）在 AR5 上查询路由表，发现 AR5 上查询不到路由，这是 BGP 的水平分割原则导致的，可以通过配置路由反射器来解决这个问题。

```
<AR5>display bgp routing-table
```

（10）配置路由反射器。

① 配置 AR1 的路由反射器。

```
[AR1]bgp 100
[AR1-bgp]peer 4.4.4.4 reflect-client
[AR1-bgp]peer 6.6.6.6 reflect-client
[AR1-bgp]quit
```

② 配置 AR2 的路由反射器。

```
[AR2]bgp 100
[AR2-bgp]peer 3.3.3.3 reflect-client
[AR2-bgp]peer 5.5.5.5 reflect-client
[AR2-bgp]quit
```

（11）再次在 AR5 上查询 BGP 路由。

```
<AR5>display bgp routing-table

BGP Local router ID is 10.0.15.5
Status codes: * - valid, > - best, d - damped,
              h - history, i - internal, s - suppressed, S - Stale
              Origin : i - IGP, e - EGP, ? - incomplete


Total Number of Routes: 1
     Network             NextHop     MED    LocPrf    PrefVal   Path/Ogn

 *>i  70.70.70.70/32     4.4.4.4            100       0         200i
<AR5>
```

查询 70.70.70.70/32 路由的详细信息，可以在路径属性中看到 Originator 为 10.0.24.4，Cluster list 为 10.0.12.2，表示这条路由是 AR4 发送给路由反射器 AR2 后反射给 AR5 的。

```
<AR5>display bgp routing-table 70.70.70.70 32

BGP local router ID : 10.0.15.5
Local AS number : 100
Paths:  1 available, 1 best, 1 select
BGP routing table entry information of 70.70.70.70/32:
From: 2.2.2.2 (10.0.12.2)
Route Duration: 00h01m09s
Relay IP Nexthop: 10.0.15.1
Relay IP Out-Interface: GigabitEthernet0/0/0
Original nexthop: 4.4.4.4
Qos information : 0x0
AS-path 200, origin igp, localpref 100, pref-val 0, valid, internal,
best, select, active, pre 255, IGP cost 30
Originator: 10.0.24.4
Cluster list: 10.0.12.2
Not advertised to any peer yet


<AR5>
```

（12）测试网络连通性。

① 配置 AR1，可以发现已实现访问需求。

```
[AR1]interface  LoopBack1
[AR1-LoopBack1]ip address 10.10.10.1 32
```

```
[AR1-LoopBack1]quit
[AR1]bgp 100
[AR1-bgp]network 10.10.10.1 32
[AR1-bgp]quit
[AR1]ping -a 10.10.10.1 70.70.70.70
  PING 70.70.70.70: 56  data bytes, press CTRL_C to break
    Reply from 70.70.70.70: bytes=56 Sequence=1 ttl=254 time=30 ms
    Reply from 70.70.70.70: bytes=56 Sequence=2 ttl=254 time=20 ms
    Reply from 70.70.70.70: bytes=56 Sequence=3 ttl=254 time=40 ms
    Reply from 70.70.70.70: bytes=56 Sequence=4 ttl=254 time=30 ms
    Reply from 70.70.70.70: bytes=56 Sequence=5 ttl=254 time=30 ms

  --- 70.70.70.70 ping statistics ---
    5 packet(s) transmitted
    5 packet(s) received
    0.00% packet loss
    round-trip min/avg/max = 20/30/40 ms

[AR1]
```

‖ 第 10 章 ‖
路由和流量控制项目案例

在复杂的数据通信网络中，根据实际组网需求，往往需要实施一些路由策略对路由信息进行过滤、属性设置等操作，通过对路由的控制，可以影响数据流量转发。路由策略并非单一的技术或者协议，而是一个技术专题或方法论，里面包含了多种工具及方法。

扫一扫，看视频

10.1 某政务网路由策略项目案例

1. 项目拓扑

某政务网路由策略项目拓扑如图 10-1 所示。

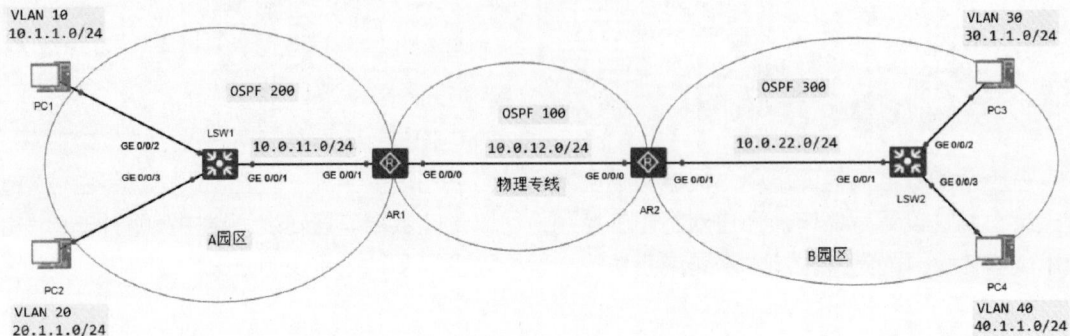

图 10-1 某政务网路由策略项目拓扑

2. 项目需求

某政务网拥有两个园区，园区 A 和园区 B 之间通过物理专线相连。IP 地址规划如表 10-1 所示。现需要实现以下需求：园区 A 无法访问园区 B 的 VLAN 30 网络，要求使用路由过滤方式实现。

表 10-1 IP 地址规划

设备名称	接口编号	IP 地址
LSW1	VLANIF 1	10.0.11.10/24
	VLANIF 10	10.1.1.254/24
	VLANIF 20	20.1.1.254/24
AR1	GE0/0/0	10.0.12.1/24
	GE0/0/1	10.0.11.1/24
AR2	GE0/0/0	10.0.12.2/24
	GE0/0/1	10.0.22.2/24
LSW2	VLANIF 1	10.0.22.20/24
	VLANIF 30	30.1.1.254/24
	VLANIF 40	40.1.1.254/24

3. 实验步骤

（1）配置交换机 VLANIF 接口 IP 地址。

① 配置 LSW1 的 VLANIF 接口 IP 地址。

```
[LSW1]vlan batch 10 20
[LSW1]interface ge0/0/2
[LSW1-GigabitEthernet0/0/2]port link-type access
[LSW1-GigabitEthernet0/0/2]port default vlan 10
[LSW1-GigabitEthernet0/0/2]interface ge0/0/3
[LSW1-GigabitEthernet0/0/3]port default vlan 20
[LSW1]interface vlanif 1
[LSW1-vlanif1]ip address 10.1.11.10 24
[LSW1-vlanif1]quit
[LSW1]interface vlanif 10
[LSW1-vlanif10]ip address 10.1.1.254 24
[LSW1-vlanif10]quit
[LSW1]interface vlanif 20
[LSW1-vlanif20]ip address 20.1.1.254 24
[LSW1-vlanif20]quit
```

② 配置 LSW2 的 VLANIF 接口 IP 地址。

```
[LSW2]vlan batch 30 40
[LSW2]interface ge0/0/2
[LSW2-GigabitEthernet0/0/2]port link-type access
[LSW2-GigabitEthernet0/0/2]port default vlan 30
[LSW2-GigabitEthernet0/0/2]interface ge0/0/3
[LSW2-GigabitEthernet0/0/3]port link-type access
[LSW2-GigabitEthernet0/0/3]port default vlan 40
[LSW2-GigabitEthernet0/0/3]quit
[LSW2]interface vlanif 1
[LSW2-vlanif1]ip address 10.0.22.20 24
[LSW2-vlanif1]quit
[LSW2]interface vlanif 30
[LSW2-vlanif30]ip address 30.1.1.254 24
[LSW2-vlanif30]quit
[LSW2]interface vlanif 40
[LSW2-vlanif40]ip address 40.1.1.254 24
[LSW2-vlanif40]quit
```

（2）配置 OSPF 多进程。

① 配置 LSW1 的 OSPF 多进程。

```
[LSW1]ospf 200
[LSW1-ospf-200]area 0
[LSW1-ospf-200-area-0.0.0.0]network 10.1.1.0 0.0.0.255
[LSW1-ospf-200-area-0.0.0.0]network 20.1.1.0 0.0.0.255
[LSW1-ospf-200-area-0.0.0.0]network 10.0.11.0 0.0.0.255
[LSW1-ospf-200-area-0.0.0.0]quit
[LSW1-ospf-200]quit
```

② 配置 LSW2 的 OSPF 多进程。

```
[LSW2]ospf 300
[LSW2-ospf-300]area 0
```

```
[LSW2-ospf-300-area-0.0.0.0]network 10.0.22.0 0.0.0.255
[LSW2-ospf-300-area-0.0.0.0]network 30.1.1.0 0.0.0.255
[LSW2-ospf-300-area-0.0.0.0]network 40.1.1.0 0.0.0.255
[LSW2-ospf-300-area-0.0.0.0]quit
[LSW2-ospf-300]quit
```

③ 配置 AR1 的 OSPF 多进程。

```
[AR1]ospf 200
[AR1-ospf-200]area 0
[AR1-ospf-200-area-0.0.0.0]network 10.0.11.0 0.0.0.255
[AR1-ospf-200-area-0.0.0.0]quit
[AR1-ospf-200]quit
[AR1]ospf 100
[AR1-ospf-100]area 0
[AR1-ospf-100-area-0.0.0.0]network 10.0.12.0 0.0.0.255
[AR1-ospf-100-area-0.0.0.0]quit
[AR1-ospf-100]quit
```

④ 配置 AR2 的 OSPF 多进程。

```
[AR2]ospf 100
[AR2-ospf-100]area 0
[AR2-ospf-100-area-0.0.0.0]network 10.0.12.0 0.0.0.255
[AR2-ospf-100-area-0.0.0.0]quit
[AR2-ospf-100]quit
[AR2]ospf 300
[AR2-ospf-300]area 0
[AR2-ospf-300-area-0.0.0.0]network 10.0.22.0 0.0.0.255
[AR2-ospf-300-area-0.0.0.0]quit
[AR2-ospf-300]quit
```

（3）路由引入。

① 配置 AR1 的路由引入。

```
[AR1]ospf 200
[AR1-ospf-200]import-route  ospf  100
[AR1-ospf-200]ospf 100
[AR1-ospf-100]import-route  ospf 200
[AR1-ospf-100]quit
```

② 配置 AR2 的路由引入。

```
[AR2]ospf 100
[AR2-ospf-100]import-route ospf 300
[AR2-ospf-100]ospf 300
[AR2-ospf-300]import-route ospf 100
[AR2-ospf-300]quit
```

（4）在 LSW1 上查询路由表。

```
<LSW1>display ip routing-table
Route Flags: R - relay, D - download to fib
```

```
------------------------------------------------------------------
Routing Tables: Public
        Destinations : 12      Routes : 12

Destination/Mask     Proto   Pre  Cost  Flags   NextHop        Interface

     10.0.11.0/24    Direct   0    0     D       10.0.11.10     vlanif1
   10.0.11.10/32     Direct   0    0     D       127.0.0.1      vlanif1
     10.0.12.0/24    O_ASE    150  1     D       10.0.11.1      vlanif1
     10.0.22.0/24    O_ASE    150  1     D       10.0.11.1      vlanif1
      10.1.1.0/24    Direct   0    0     D       10.1.1.254     vlanif10
   10.1.1.254/32     Direct   0    0     D       127.0.0.1      vlanif10
     20.1.1.0/24     Direct   0    0     D       20.1.1.254     vlanif20
   20.1.1.254/32     Direct   0    0     D       127.0.0.1      vlanif20
     30.1.1.0/24     O_ASE    150  1     D       10.0.11.1      vlanif1
     40.1.1.0/24     O_ASE    150  1     D       10.0.11.1      vlanif1
    127.0.0.0/8      Direct   0    0     D       127.0.0.1      InLoopBack0
    127.0.0.1/32     Direct   0    0     D       127.0.0.1      InLoopBack0

<LSW1>
```

（5）配置路由策略。

配置 AR1 的路由策略。

```
[AR1]ip ip-prefix vlan30 permit 30.1.1.0 24
[AR1]route-policy vlan30 deny node 10
[AR1-route-policy]if-match ip-prefix vlan30
[AR1-route-policy]quit
[AR1]route-policy vlan30 permit node 20
[AR1-route-policy]quit
[AR1]ospf 200
[AR1-ospf-200]import-route ospf 100 route-policy vlan30
[AR1-ospf-200]quit
```

（6）再次在 LSW1 上查询路由表，可以发现 30.1.1.0 的路由已经被过滤。

```
<LSW1>display ip routing-table
Route Flags: R - relay, D - download to fib
------------------------------------------------------------------
Routing Tables: Public
        Destinations : 11      Routes : 11

Destination/Mask     Proto   Pre  Cost  Flags   NextHop        Interface

     10.0.11.0/24    Direct   0    0     D       10.0.11.10     vlanif1
   10.0.11.10/32     Direct   0    0     D       127.0.0.1      vlanif1
     10.0.12.0/24    O_ASE    150  1     D       10.0.11.1      vlanif1
     10.0.22.0/24    O_ASE    150  1     D       10.0.11.1      vlanif1
      10.1.1.0/24    Direct   0    0     D       10.1.1.254     vlanif10
```

```
    10.1.1.254/32  Direct   0    0        D        127.0.0.1      vlanif10
     20.1.1.0/24   Direct   0    0        D       20.1.1.254      vlanif20
    20.1.1.254/32  Direct   0    0        D        127.0.0.1      vlanif20
     40.1.1.0/24   O_ASE   150   1        D        10.0.11.1      vlanif1
    127.0.0.0/8    Direct   0    0        D        127.0.0.1      InLoopBack0
   127.0.0.1/32    Direct   0    0        D        127.0.0.1      InLoopBack0

<LSW1>
```

10.2　企业网络 PBR 项目案例

1. 项目拓扑

企业网络 PBR（Policy-Based Routing，策略路由）项目拓扑如图 10-2 所示。

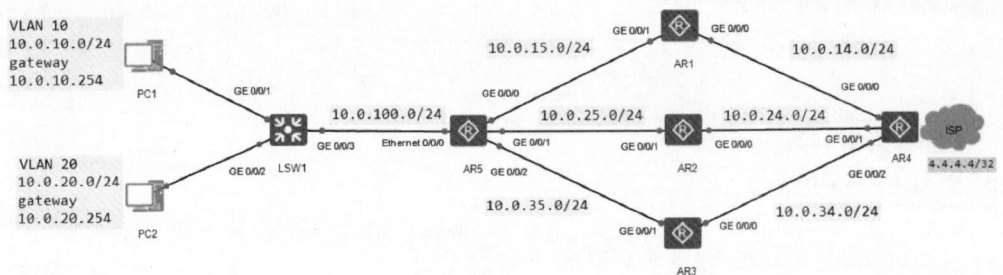

图 10-2　企业网络 PBR 项目拓扑

2. 项目需求

某企业网络拥有 3 个出口，分别使用 AR1、AR2、AR3 连接运营商网络。其中，AR1 为万兆出口；而 AR2、AR3 为千兆出口。IP 地址规划如表 10-2 所示。现需要实现以下需求。

（1）VLAN 10 的流量能够强制通过 AR1，即将 AR1 作为业务的出口。

（2）VLAN 20 在 AR1 上使用负载分担的模式，同时使用 3 个出口访问公网。

表 10-2　IP 地址规划

AR1	GE0/0/0	10.0.14.1 /24
	GE0/0/1	10.0.15.1 /24
AR2	GE0/0/0	10.0.24.1 /24
	GE0/0/1	10.0.25.1 /24
AR3	GE0/0/0	10.0.34.1 /24
	GE0/0/1	10.0.35.1 /24
AR4	GE0/0/0	10.0.14.4 /24
	GE0/0/1	10.0.24.4 /24

续表

AR4	GE0/0/2	10.0.34.4 /24
	Loopback 0	4.4.4.4 /32
AR5	GE0/0/0	10.0.15.5 /24
	GE0/0/1	10.0.25.5 /24
	GE0/0/2	10.0.35.5 /24
	E0/0/1	10.0.100.5 /24
LSW1	VLANIF 1	10.0.100.10 /24
	VLANIF 10	10.0.10.254 /24
	VLANIF 20	10.0.20.254 /24

3. 实验步骤

（1）配置交换机 LSW1。

```
[LSW1]vlan batch 10 20
[LSW1]interface ge0/0/1
[LSW1-GigabitEthernet0/0/1]port link-type access
[LSW1-GigabitEthernet0/0/1]port default vlan 10
[LSW1-GigabitEthernet0/0/1]interface ge0/0/2
[LSW1-GigabitEthernet0/0/2]port link-type access
[LSW1-GigabitEthernet0/0/2]port default vlan 20
[LSW1-GigabitEthernet0/0/2]quit
[LSW1]interface vlanif 1
[LSW1-vlanif1]ip address 10.0.100.10 24
[LSW1-vlanif1]quit
[LSW1]interface vlanif 10
[LSW1-vlanif10]ip address 10.0.10.254 24
[LSW1-vlanif10]quit
[LSW1]interface vlanif 20
[LSW1-vlanif20]ip address 10.0.20.254 24
[LSW1-vlanif20]quit
```

（2）配置 OSPF。

① 配置 AR1 的 OSPF。

```
[AR1]ospf
[AR1-ospf-1]area 0
[AR1-ospf-1-area-0.0.0.0]network 10.0.15.0 0.0.0.255
```

② 配置 AR2 的 OSPF。

```
[AR2]ospf
[AR2-ospf-1]area 0
[AR2-ospf-1-area-0.0.0.0]network 10.0.25.0 0.0.0.255
```

③ 配置 AR3 的 OSPF。

```
[AR3]ospf
[AR3-ospf-1]area 0
```

```
[AR3-ospf-1-area-0.0.0.0]network 10.0.35.0 0.0.0.255
```

④ 配置 AR5 的 OSPF。

```
[AR5]ospf
[AR5-ospf-1]area 0
[AR5-ospf-1-area-0.0.0.0]network 10.0.100.0 0.0.0.255
[AR5-ospf-1-area-0.0.0.0]network 10.0.15.0 0.0.0.255
[AR5-ospf-1-area-0.0.0.0]network 10.0.25.0 0.0.0.255
[AR5-ospf-1-area-0.0.0.0]network 10.0.35.0 0.0.0.255
```

在 AR5 上查看 OSPF 邻居表，可以发现已经成功建立了邻居关系。

```
[AR5]display ospf peer brief

          OSPF Process 1 with Router ID 10.0.100.5
               Peer Statistic Information
 -----------------------------------------------------------------
 Area Id          Interface                 Neighbor id      State
 0.0.0.0          GigabitEthernet0/0/0      10.0.14.1        FuLL
 0.0.0.0          GigabitEthernet0/0/1      10.0.24.2        FuLL
 0.0.0.0          GigabitEthernet0/0/2      10.0.34.3        FuLL
 -----------------------------------------------------------------
[AR5]
```

⑤ 配置 LSW1 的 OSPF。

```
[LSW1]ospf
[LSW1-ospf-1]area  0
[LSW1-ospf-1-area-0.0.0.0]network 10.0.10.0 0.0.0.255
[LSW1-ospf-1-area-0.0.0.0]network 10.0.20.0 0.0.0.255
[LSW1-ospf-1-area-0.0.0.0] network 10.0.100.0 0.0.0.255
```

（3）配置默认路由。

① 配置 AR1 的默认路由。

```
[AR1]ip route-static 0.0.0.0 0 10.0.14.4
[AR1]ospf
[AR1-ospf-1]default-route-advertise   //下发默认路由
```

② 配置 AR2 的默认路由。

```
[AR2]ip route-static 0.0.0.0 0 10.0.24.4
[AR2]ospf
[AR2-ospf-1]default-route-advertise
```

③ 配置 AR3 的默认路由。

```
[AR3]ip route-static 0.0.0.0 0 10.0.34.4
[AR3]ospf
[AR3-ospf-1]default-route-advertise
```

（4）在 AR5 上查询路由表，可以发现 AR5 上有 3 条默认路由。

```
[AR5]display ip routing-table
Route Flags: R - relay, D - download to fib
```

```
-------------------------------------------------------------------
Routing Tables: Public
        Destinations : 13      Routes : 15

Destination/Mask    Proto   Pre  Cost Flags NextHop        Interface

        0.0.0.0/0   O_ASE   150  1     D    10.0.15.1   GigabitEthernet0/0/0
                    O_ASE   150  1     D    10.0.25.2   GigabitEthernet0/0/1
                    O_ASE   150  1     D    10.0.35.3   GigabitEthernet0/0/2
     10.0.10.0/24   OSPF    10   2     D    10.0.100.10 Ethernet0/0/0
     10.0.15.0/24   Direct  0    0     D    10.0.15.5   GigabitEthernet0/0/0
     10.0.15.5/32   Direct  0    0     D    127.0.0.1   GigabitEthernet0/0/0
     10.0.20.0/24   OSPF    10   2     D    10.0.100.10 Ethernet0/0/0
     10.0.25.0/24   Direct  0    0     D    10.0.25.5   GigabitEthernet0/0/1
     10.0.25.5/32   Direct  0    0     D    127.0.0.1   GigabitEthernet0/0/1
     10.0.35.0/24   Direct  0    0     D    10.0.35.5   GigabitEthernet0/0/2
     10.0.35.5/32   Direct  0    0     D    127.0.0.1   GigabitEthernet0/0/2
    10.0.100.0/24   Direct  0    0     D    10.0.100.5  Ethernet0/0/0
    10.0.100.5/32   Direct  0    0     D    127.0.0.1   Ethernet0/0/0
      127.0.0.0/8   Direct  0    0     D    127.0.0.1   InLoopBack0
     127.0.0.1/32   Direct  0    0     D    127.0.0.1   InLoopBack0


[AR5]
```

（5）配置 NAT。

① 配置 AR1 的 NAT。

```
[AR1]acl 2000
[AR1-acl-basic-2000]rule permit source any
[AR1-acl-basic-2000]quit
[AR1]interface ge0/0/0
[AR1-GigabitEthernet0/0/0]nat outbound 2000
[AR1-GigabitEthernet0/0/0]quit
```

② 配置 AR2 的 NAT。

```
[AR2]acl 2000
[AR2-acl-basic-2000]rule permit source any
[AR2-acl-basic-2000]quit
[AR2]interface ge0/0/0
[AR2-GigabitEthernet0/0/0]nat outbound 2000
[AR2-GigabitEthernet0/0/0]quit
```

③ 配置 AR3 的 NAT。

```
[AR3]acl 2000
[AR3-acl-basic-2000]rule permit source any
[AR3-acl-basic-2000]quit
[AR3]interface ge0/0/0
[AR3-GigabitEthernet0/0/0]nat outbound 2000
```

```
[AR3-GigabitEthernet0/0/0]quit
```

（6）测试网络连通性。

如图 10-3 所示，配置 PC1 的 IP 地址。

图 10-3　配置 PC1 的 IP 地址

在 PC1 上访问 4.4.4.4，结果如图 10-4 所示，终端设备已经可以访问外网。

图 10-4　在 PC1 上访问 4.4.4.4

（7）部署 AR5 的策略路由。

```
[AR5]acl 3000
[AR5-acl-adv-3000]rule permit ip source 10.0.10.0 0.0.0.255 destination any
[AR5-acl-adv-3000]quit
[AR5]policy-based-route 1 permit node 10
[AR5-policy-based-route-1-10]if-match acl 3000
[AR5-policy-based-route-1-10]apply ip-address next-hop 10.0.15.1
[AR5-policy-based-route-1-10]quit
[AR5]interface e0/0/0
```

```
[AR5-Ethernet0/0/0]ip policy-based-route 1
```

（8）测试策略路由。在 AR5 上将 ge0/0/0 接口开销改大，在 PC1 上访问 4.4.4.4，如图 10-5 所示。

```
[AR5]interface ge0/0/0
[AR5-GigabitEthernet0/0/0]ospf cost 100
```

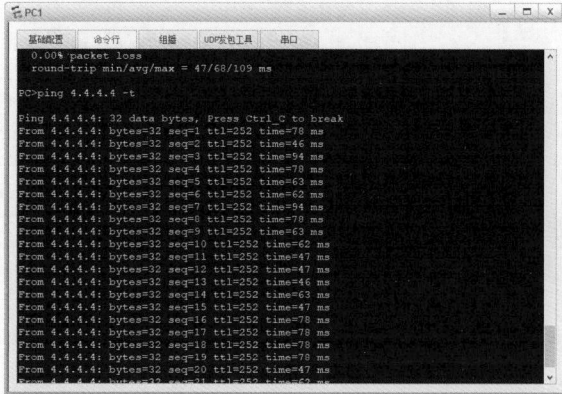

图 10-5　在 PC1 上访问 4.4.4.4

在 AR5 的 ge0/0/0 接口抓包，如图 10-6 所示。

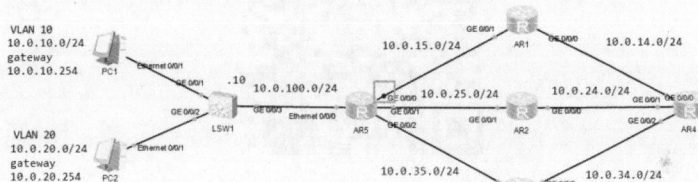

图 10-6　在 AR5 的 ge0/0/0 接口抓包

抓包数据如图 10-7 所示，可以发现报文都是从 AR5 的 ge0/0/0 接口发送到 4.4.4.4。

图 10-7　AR5 的 ge0/0/0 接口抓包数据

‖ 第11章 ‖

交换技术项目案例

华为公司的数据通信设备支持 BPDU 保护功能、Root 保护功能、环路保护功能，用户可根据实际环境任选其中一个或多个保护功能配置。

扫一扫，看视频

1. 项目拓扑

交换技术项目拓扑如图 11-1 所示。

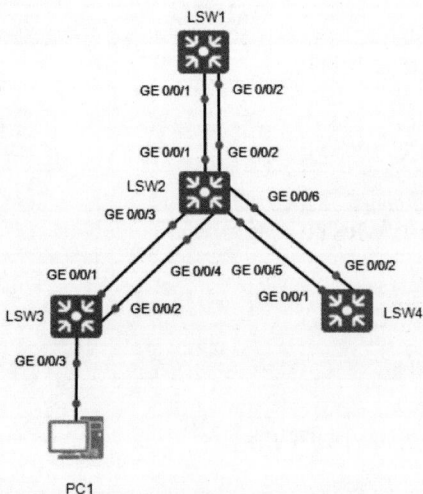

图 11-1　交换技术项目拓扑

2. 项目需求

配置链路聚合，保证链路的冗余性，并配置 BPDU（Bridge Protocol Data Unit，网桥协议数据单元）保护功能、根保护功能、环路保护功能。

3. 实验步骤

（1）配置链路聚合。

① 配置 LSW1 的链路聚合。

```
[LSW1]interface Eth-Trunk 1
[LSW1-Eth-Trunk1]trunkport GigabitEthernet 0/0/01 0/0/02
```

② 配置 LSW2 的链路聚合。

```
[LSW2]interface Eth-Trunk 1
[LSW2-Eth-Trunk1]trunkport GigabitEthernet 0/0/01 0/0/02
[LSW2]interface Eth-Trunk 2
[LSW2-Eth-Trunk2]trunkport GigabitEthernet 0/0/03 0/0/04
[LSW2]interface Eth-Trunk 3
[LSW2-Eth-Trunk3]trunkport GigabitEthernet 0/0/05 0/0/06
```

③ 配置 LSW3 的链路聚合。

```
[LSW3]interface Eth-Trunk 1
[LSW3-Eth-Trunk1]trunkport GigabitEthernet 0/0/01 0/0/02
```

④ 配置 LSW4 的链路聚合。

```
[LSW4]interface Eth-Trunk 1
```

```
[LSW4-Eth-Trunk1]trunkport GigabitEthernet 0/0/01 0/0/02
```

（2）将 STP 模式改为 RSTP。

① 将 LSW1 的 STP 模式改为 RSTP。

```
[LSW1]stp mode rstp
```

② 将 LSW2 的 STP 模式改为 RSTP。

```
[LSW2]stp mode rstp
```

③ 将 LSW3 的 STP 模式改为 RSTP。

```
[LSW3]stp mode rstp
```

④ 将 LSW4 的 STP 模式改为 RSTP。

```
[LSW4]stp mode rstp
```

（3）配置环路保护。

① 将 LSW1 设置为根网桥。

```
[LSW1]stp priority 0
```

② 在所有的根端口上配置环路保护功能。

a. 配置 LSW2 的环路保护功能。

```
[LSW2]interface Eth-Trunk 1
[LSW2-Eth-Trunk1]stp loop-protection
```

b. 配置 LSW3 的环路保护功能。

```
[LSW3]interface Eth-Trunk 1
[LSW3-Eth-Trunk1]stp loop-protection
```

c. 配置 LSW4 的环路保护功能。

```
[LSW4]interface Eth-Trunk 1
[LSW4-Eth-Trunk1]stp loop-protection
```

（4）将连接终端设备的接口设置为边缘端口，并配置 BPDU 保护功能。

配置 LSW3 的 BPDU 保护功能。

```
[LSW3]interface ge0/0/03
[LSW3-GigabitEthernet0/0/3]stp edged-port enable
[LSW3-GigabitEthernet0/0/3]quit
[LSW3]stp bode-protection
```

（5）在所有的指定端口上配置根保护功能。

① 配置 LSW1 的根保护功能。

```
[LSW1]interface Eth-Trunk 1
[LSW1-Eth-Trunk1]stp root-protection
```

② 配置 LSW2 的根保护功能。

```
[LSW2]interface Eth-Trunk 2
[LSW2-Eth-Trunk2]stp root-protection
[LSW2]interface Eth-Trunk 3
[LSW2-Eth-Trunk3]stp root-protection
```

（6）查看设备的接口根保护功能，可以发现根端口开启了环路保护功能，指定端口开启了根保护功能。

```
[LSW2]display stp brief
MSTID  Port                    Role    STP State      Protection
   0   Eth-Trunk1              ROOT    FORWARDING     LOOP
   0   Eth-Trunk2              DESI    FORWARDING     ROOT
   0   Eth-Trunk3              DESI    FORWARDING     ROOT
[LSW2]
```

查看 LSW3 的接口保护功能，可以发现边缘端口开启了 BPDU 保护功能。

```
[LSW3]display stp brief
MSTID  Port                    Role    STP State      Protection
   0   GigabitEthernet0/0/3    DESI    FORWARDING     BPDU
   0   Eth-Trunk1              ROOT    FORWARDING     ROOT
[LSW3]
```

第 12 章

网络安全项目案例

本章主要通过以下三个项目案例讲解防火墙技术、BFD、IPSec 在企业中的应用。

↘ 某电子政务网防火墙部署项目案例

↘ 某公司静态路由+BFD 项目案例

↘ 某企业 IPSec 项目案例

12.1　某电子政务网防火墙部署项目案例

扫一扫，看视频

1. 项目拓扑

某电子政务网防火墙部署项目拓扑如图 12-1 所示。

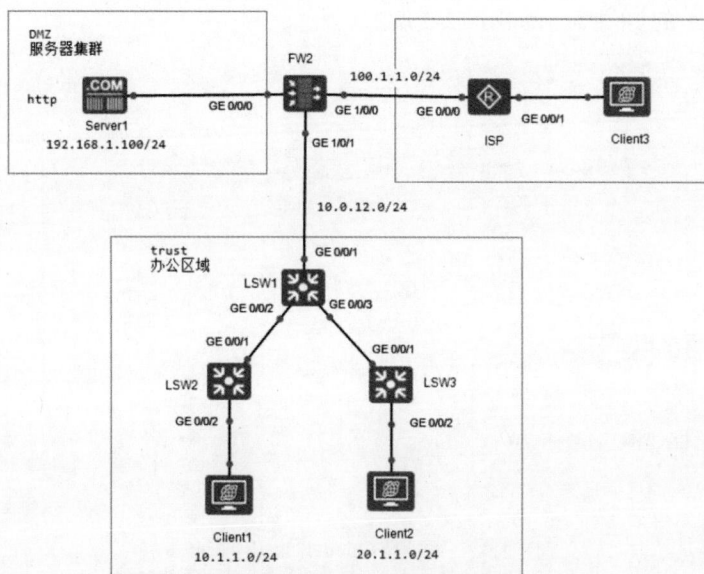

图 12-1　某电子政务网防火墙部署项目拓扑

2. 项目需求

（1）办公网络 10.1.1.0/24 网段可以访问公网，但不能访问服务器集群。

（2）办公网络 20.1.1.0/24 网段可以访问服务器集群的 192.168.1.100 的 HTTP（HyperText Transfer Protocol，超文本传输协议）服务，但不能访问公网。

（3）外部网络 Client3 可以访问 Server1。

3. 实验步骤

（1）设备重命名以及配置 IP 地址。

① 配置 ISP 的 IP 地址。

```
<Huawei>system-view
Enter system view, return user view with Ctrl+Z
[Huawei]undo info-center enable
Info: Information center is disabled
[Huawei]sysname lsp
[lsp]interface ge0/0/0
```

```
[lsp-GigabitEthernet0/0/0]ip address 100.1.1.1 24       //配置 IP 地址
[lsp-GigabitEthernet0/0/0]quit
[lsp]interface ge0/0/1
[lsp-GigabitEthernet0/0/1]ip address 200.1.1.254 24
[lsp-GigabitEthernet0/0/1]quit
[lsp]interface LoopBack 0
[lsp-LoopBack0]ip address 100.100.100.100 24            //配置 loopback0 作为外网
[lsp-LoopBack0]quit
```

② 配置 Client1 的 IP 地址，如图 12-2 所示。

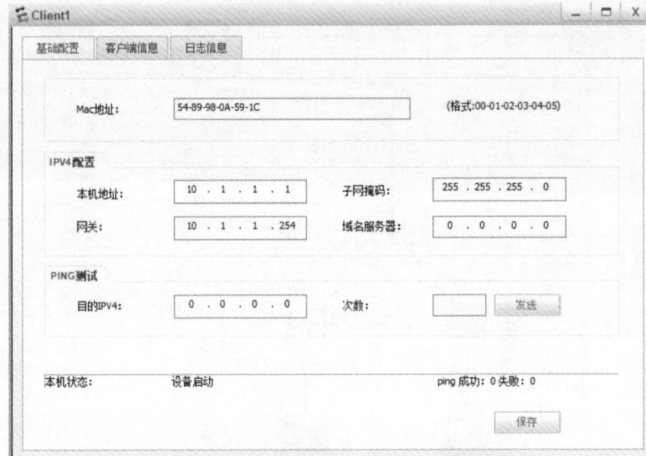

图 12-2　配置 Client1 的 IP 地址

③ 配置 Client2 的 IP 地址，如图 12-3 所示。

图 12-3　配置 Client2 的 IP 地址

④ 配置 Client 3 的 IP 地址，如图 12-4 所示。

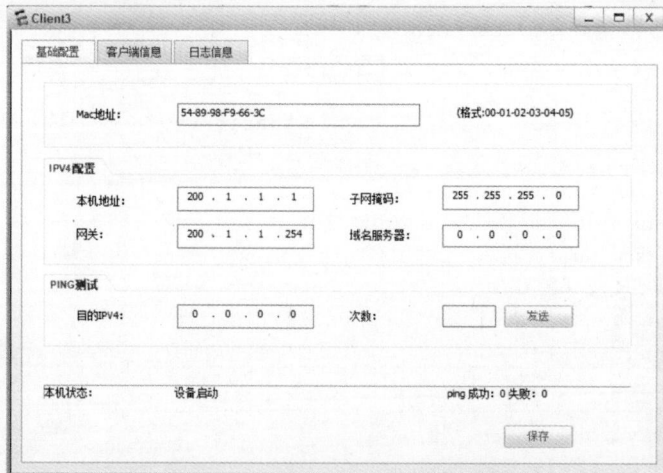

图 12-4　配置 Client 3 的 IP 地址

⑤ 配置 Server1 的 IP 地址，如图 12-5 所示。

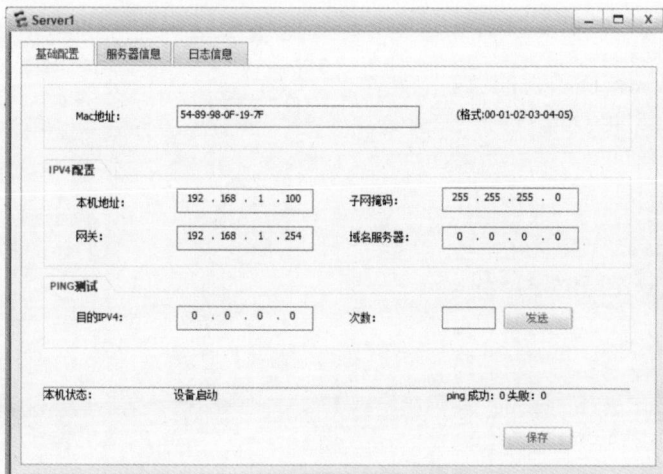

图 12-5　配置 Server1 的 IP 地址

⑥ 配置 FW2。

```
<Huawei>system-view
[fw2]Firewall zone trust                    //进入 trust 区域
[fw2-zone-trust]add interface ge1/0/1       //将 ge1/0/1 接口加入 trust 区域
[fw2-zone-trust]display this
2023-07-07 07:15:35.410
#
Firewall zone trust
 set priority 85                            //trust 区域优先级为 85
 add interface GigabitEthernet0/0/0         //默认在 trust 区域
```

```
  add interface GigabitEthernet1/0/1
  #
  return
  [fw2-zone-trust]undo add interface GigabitEthernet0/0/0   //删除默认配置
  [fw2-zone-trust]quit
  [fw2]Firewall zone dmz
  [fw2-zone-dmz]add interface ge0/0/0
  [fw2-zone-dmz]quit
  [fw2]Firewall zone untrust
  [fw2-zone-untrust]add interface ge1/0/0
  [fw2-zone-untrust]quit
```

⑦ 查看安全域。

```
  [fw2]display zone
  2023-07-07 07:18:14.380
  local
   priority is 100
   interface of the zone is (0):
  #
  trust
   priority is 85
   interface of the zone is (1):
      GigabitEthernet1/0/1
  #
  untrust
   priority is 5
   interface of the zone is (1):
      GigabitEthernet1/0/0
  #
  dmz
   priority is 50
   interface of the zone is (1):
      GigabitEthernet0/0/0
  #
  [fw2]interface g0/0/0
  [fw2-GigabitEthernet0/0/0]display this
  2023-07-07 07:19:29.570
  #
```

⑧ 删除 ge0/0/0 接口的默认配置。

```
  [fw2- GigabitEthernet0/0/0]display this
  undo shutdown
   ip binding vpn-instance default          //默认配置
   ip address 192.168.0.1 255.255.255.0     //管理接口 IP 地址
   alias GE0/METH
  #
  Return
```

```
//删除默认配置，否则不在同一路由表网络不通
[fw2-GigabitEthernet0/0/0]undo ip binding vpn-instance default
[fw2-GigabitEthernet0/0/0]display this
2023-07-07 07:23:08.410
#
interface GigabitEthernet0/0/0
 undo shutdown
 alias GE0/METH
#
Return
```

⑨ 配置接口 IP 地址。

```
[fw2-GigabitEthernet0/0/0]ip address 192.168.1.254 24   //配置设定的 IP 地址
[fw2-GigabitEthernet0/0/0]interface ge1/0/1
[fw2-GigabitEthernet1/0/1]ip address 10.0.12.2 24
[fw2-GigabitEthernet1/0/1]quit
[fw2]interface ge1/0/0
[fw2-GigabitEthernet1/0/0]ip address 100.1.1.2 24
[fw2-GigabitEthernet1/0/0]quit
[fw2]interface ge1/0/1
//启动 ping 命令，使得 LSW1 能访问 FW2
[fw2-GigabitEthernet1/0/1]service-manage ping permit
```

⑩ 测试能否 ping 通。

```
<LSW1>ping 10.0.12.2
  PING 10.0.12.2: 56  data bytes, press CTRL_C to break
    Reply from 10.0.12.2: bytes=56 Sequence=1 ttl=255 time=40 ms
    Reply from 10.0.12.2: bytes=56 Sequence=2 ttl=255 time=30 ms
    Reply from 10.0.12.2: bytes=56 Sequence=3 ttl=255 time=50 ms
    Reply from 10.0.12.2: bytes=56 Sequence=4 ttl=255 time=10 ms
    Reply from 10.0.12.2: bytes=56 Sequence=5 ttl=255 time=10 ms

  --- 10.0.12.2 ping statistics ---
    5 packet(s) transmitted
    5 packet(s) received
    0.00% packet loss
    round-trip min/avg/max = 10/28/50 ms
```

（2）在 LSW1 上创建 VLAN 和 VLANIF 接口，在 LSW2 和 LSW3 上创建 VLAN 10 和 VLAN 20，并与相应接口绑定。

① 配置 LSW2。

```
<Huawei>system-view
Enter system view, return user view with Ctrl+Z
[Huawei]undo info-center enable
Info: Information center is disabled
[Huawei]sysname LSW2
[LSW2]vlan batch 10 20  //创建 VLAN
```

```
Info: This operation may take a few seconds. Please wait for a moment...done
[LSW2]interface ge0/0/2
[LSW2-GigabitEthernet0/0/2]port link-type access    //配置与终端链路类型为 Access
[LSW2-GigabitEthernet0/0/2]port default vlan 10   //与对应 VLAN 绑定
[LSW2-GigabitEthernet0/0/2]interface ge0/0/1
[LSW2-GigabitEthernet0/0/1]port link-type trunk      //交换机之间配置链路类型为 Trunk
[LSW2-GigabitEthernet0/0/1]port trunk allow-pass vlan 10 20
//允许放行 VLAN 10 和 VLAN 20
```

② 配置 LSW3。

```
<Huawei>system-view
Enter system view, return user view with Ctrl+Z
[Huawei]undo info-center enable
Info: Information center is disabled
[Huawei]sysname LSW3
[LSW3]vlan batch 10 20
Info: This operation may take a few seconds. Please wait for a moment...done
[LSW33]interface ge0/0/2
[LSW33-GigabitEthernet0/0/2]port link-type access
[LSW33-GigabitEthernet0/0/2]port default vlan 20
[LSW33-GigabitEthernet0/0/2]quit
[LSW33]interface ge0/0/1
[LSW33-GigabitEthernet0/0/1]port link-type trunk
[LSW33-GigabitEthernet0/0/1]port trunk allow-pass vlan 20
```

③ 配置 LSW1。

```
<Huawei>system-view
Enter system view, return user view with Ctrl+Z
[LSW1]undo info-center enable
Info: Information center is disabled
[Huawei]sysname LSW1
[LSW1]vlan batch 10 20
Info: This operation may take a few seconds. Please wait for a moment...done
[LSW1]interface ge0/0/2
[LSW1-GigabitEthernet0/0/2]port link-type trunk
[LSW1-GigabitEthernet0/0/2]port trunk allow-pass vlan 10 20
[LSW1-GigabitEthernet0/0/2]interface ge0/0/3
[LSW1-GigabitEthernet0/0/3]port link-type trunk
[LSW1-GigabitEthernet0/0/3]port trunk allow-pass vlan 10 20
[LSW1]interface vlanif 10                       //创建 VLANIF 接口，编号与划分 VLAN 对应
[LSW1-vlanif10]ip address 10.1.1.254 24   //配置 VLAN 10 的网关地址
[LSW1-vlanif10]quit
[LSW1]interface vlanif 20
[LSW1-vlanif20]ip address 20.1.1.254 24
[LSW1]interface vlanif 1
[LSW1-vlanif1]ip address 10.0.12.1 24
```

④ 查看 LSW1 的接口信息，确认配置。

```
<LSW1>display ip interface brief
*down: administratively down
^down: standby
(l): loopback
(s): spoofing
The number of interface that is UP in Physical is 4
The number of interface that is DOWN in Physical is 1
The number of interface that is UP in Protocol is 4
The number of interface that is DOWN in Protocol is 1

Interface                    Ip address/Mask      Physical    Protocol
MEth0/0/1                    unassigned           down        down
NUL0                        unassigned           up          up(s)
vlanif1                     10.0.12.1/24         up          up
vlanif10                    10.1.1.254/24        up          up
vlanif20                    20.1.1.254/24        up          up
```

（3）配置防火墙的 NAT 策略与安全策略，实现 trust 区域 Client1 访问 untrust 区域 Client3。

① 配置 NAT 策略。

```
[fw2]nat-policy                                         //配置 NAT 策略
[fw2-policy-nat]rule name trust-untrust                 //规则命名为 trust-untrust
[fw2-policy-nat-rule-trust-untrust]source-zone trust        //源安全区域
[fw2-policy-nat-rule-trust-untrust]destination-zone untrust //目的安全区域
[fw2-policy-nat-rule-trust-untrust]source-address 10.1.1.0 24
//NAT 的源地址，因为目的地址为外网，所以不定义
[fw2-policy-nat-rule-trust-untrust]action source-net easy-ip
//执行 NAT，使用 Easy-IP 方式
```

② 配置 Security 策略。

```
[fw2]security-policy                                    //配置 Security 策略
[fw2-policy-security]rule name trust-untrust            //命名为 trust-untrust
[fw2-policy-security-rule-trust-untrust]source-zone trust
[fw2-policy-security-rule-trust-untrust]destination-zone untrust
[fw2-policy-security-rule-trust-untrust]action permit
```

（4）配置静态路由，实现办公区域与 Internet 区域互联互通。

① 配置 LSW 1 的静态路由。

```
[LSW1]ip route-static 0.0.0.0 0 10.0.12.2
```

② 配置 FW2 的静态路由。

```
[fw2]ip route-static 10.1.1.0 24 10.0.12.1
[fw2]ip route-static 20.1.1.0 24 10.0.12.1
[fw2]ip route-static 0.0.0.0 0 100.1.1.1
```

（5）配置防火墙安全策略，实现 Client2 访问 Server1 的 HTTP 服务。

```
[fw2]security-policy
```

```
[fw2-policy-security]rule name trust-dmz
[fw2-policy-security-rule-trust-dmz]source-zone trust
[fw2-policy-security-rule-trust-dmz]destination-zone dmz
[fw2-policy-security-rule-trust-dmz]source-address 20.1.1.0 24
[fw2-policy-security-rule-trust-dmz]destination-address 192.168.1.100 32
[fw2-policy-security-rule-trust-dmz]service http
[fw2-policy-security-rule-trust-dmz]action permit
```

（6）配置 NAT-server，实现外网访问服务器 192.168.1.100 的 HTTP 服务。

配置 FW2 的 NAT-Server。

```
[fw2]security-policy  //配置安全策略，使外网 Client3 可以访问 Server1 的流量
[fw2-policy-security]rule name utrust-dmz
[fw2-policy-security-rule-utrust-dmz]source-zone untrust
[fw2-policy-security-rule-utrust-dmz]destination-zone dmz
[fw2-policy-security-rule-utrust-dmz]destination-address 192.168.1.100 32
[fw2-policy-security-rule-utrust-dmz]service http
[fw2-policy-security-rule-utrust-dmz]action permit
[fw2]nat server 1 protocol tcp global 100.1.1.2 80 inside 192.168.1.100 80
```

4．实验调试

（1）在 Client1 上访问 Client3，如图 12-6 所示。

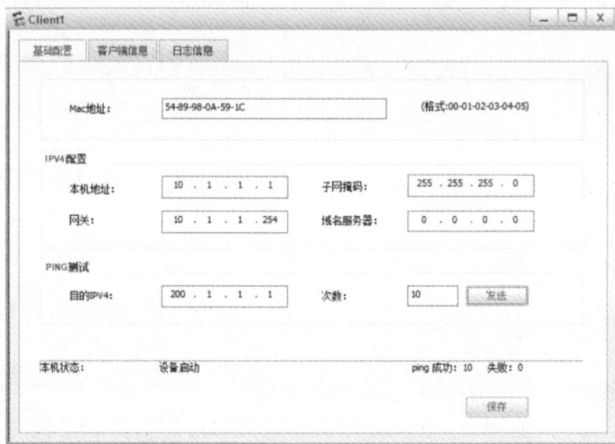

图 12-6　在 Client1 上访问 Client3

在 Client1 上访问 100.100.100.100，如图 12-7 所示。

查看 FW2 的会话表，NAT 建立成功，通过会话表放行外网到 Client1 的回包。

```
[fw2]display Firewall session table
2023-07-07 08:05:09.670
 Current Total Sessions : 1
 icmp VPN: public --> public 10.1.1.1:256[100.1.1.2:2049] --> 100.100.100.100:
2048
 [fw2]
```

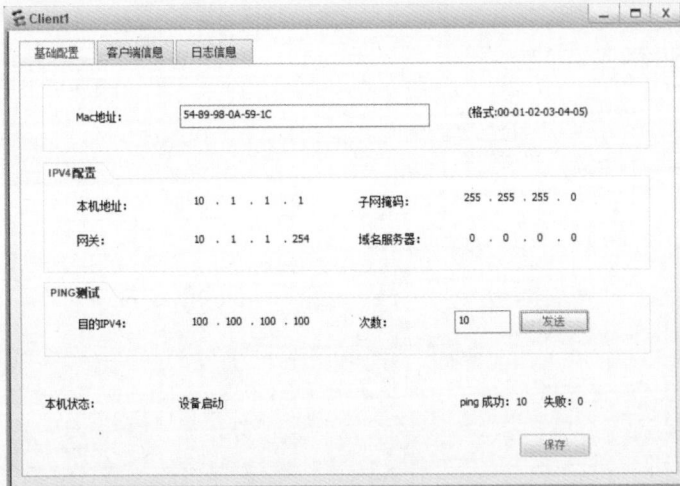

图 12-7　在 Client1 上访问 100.100.100.100

在 Client2 上访问 100.100.100.100，如图 12-8 所示，可以看到安全策略没有定义 20.1.1.0 网段，无法访问。

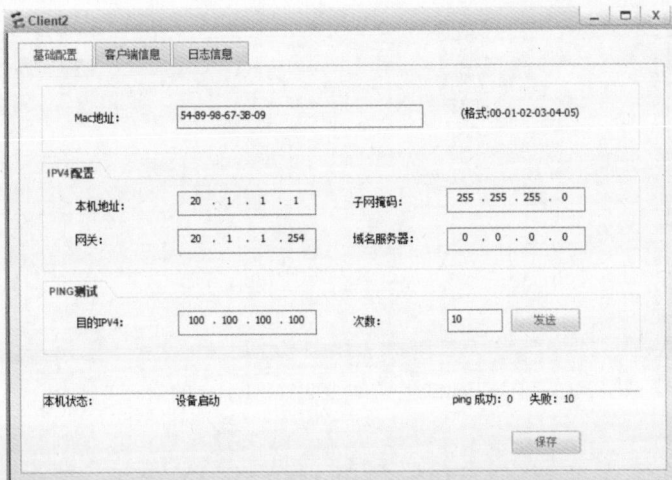

图 12-8　在 Client2 上访问 100.100.100.100

（2）在 Client2 上访问 192.168.1.100 的 HTTP 服务，如图 12-9 所示，可以正常访问，但无法 ping 通，ping 通需要在安全策略里允许 ICMP。

（3）在 Client3 上访问 192.168.1.100 的 HTTP 服务，如图 12-10 所示。

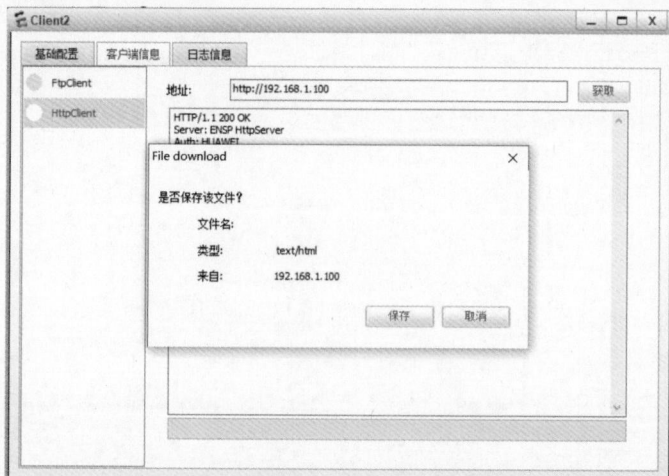

图 12-9　在 Client2 上访问 192.168.1.100 的 HTTP 服务

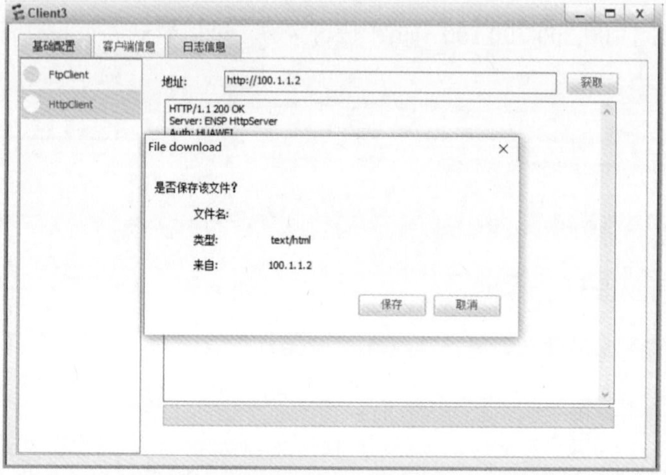

图 12-10　在 Client3 上访问 192.168.1.100 的 HTTP 服务

扫一扫，看视频

12.2　某公司静态路由+BFD 项目案例

1. 项目拓扑

某公司静态路由+BFD（Bidirectional Fowarding Detection，双向转发检测）项目拓扑如图 12-11 所示。

2. 项目需求

企业的 IP 地址规划如表 12-1 所示，VLAN 划分如表 12-2 所示。企业有如下需求。

（1）主链路为电信。

（2）电信链路出现故障时，业务数据流量切换到联通链路。

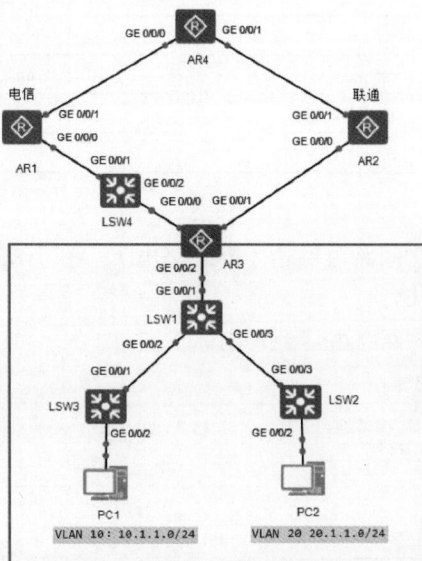

图 12-11 某公司静态路由+BFD 项目拓扑

表 12-1 IP 地址规划

设备	接口编号	IP 地址
AR1	GE0/0/0	10.0.13.1/24
	GE0/0/1	10.0.14.1/24
AR2	GE0/0/0	10.0.23.2/24
	GE0/0/1	10.0.14.2/24
AR3	GE0/0/0	10.0.13.3/24
	GE0/0/1	10.0.23.3/24
	GE0/0/2	10.0.100.3/24
AR4	GE0/0/0	10.0.14.4/24
	GE0/0/1	10.0.24.4/24
	Loop back0	100.100.100.100/32
LSW1	VLANIF 1	10.0.100.1/24

表 12-2 VLAN 划分

设备	接口编号	IP 地址	链路类型	所属 VLAN/网关
LSW1	GE0/0/0	10.1.1.254/24（VLANIF 10）	Trunk	—
	GE0/0/1	20.1.1.254/24（VLANIF 20）	Trunk	—
LSW2	GE0/0/2	—	Access	20
	GE0/0/3	—	Trunk	—

设备	接口编号	IP 地址	链路类型	所属 VLAN/网关
LSW3	GE0/0/2	—	Access	10
	GE0/0/1	—	Trunk	—
PC1	E0/0/1	10.1.1.1/24	—	10/VLANIF 10
PC2	E0/0/1	20.1.1.1/24	—	20/VLANIF 20

3. 实验步骤

（1）配置 LSW1 与 AR3 之间路由可达（静态路由）。在 AR3 上设置双出口去往公网，其中电信为主链路，联通为备份链路。

① 配置静态路由，实现内网路由传到外网。

a. 配置 LSW1 的静态路由。

```
[LSW1]ip route-static 0.0.0.0 0 10.0.100.3
```

b. 配置 AR3 的静态路由。

```
[AR3]ip route-static 10.1.1.0 24 10.0.100.1
[AAR3]ip route-static 20.1.1.0 24 10.0.100.1
```

② 配置静态路由，实现一主一备。

```
[AR3]ip route-static 0.0.0.0 0 10.0.13.1 description dianxin
[AR3]ip route-static 0.0.0.0 0 10.0.23.2 preference 61 description
liantong
```

③ 配置 NAT，实现私网地址转换。

```
[AR3-acl-basic-2000]rule permit source any
[AR3-GigabitEthernet0/0/0]nat outbound 2000
[AR3-GigabitEthernet0/0/1]nat outbound 2000
```

（2）运行 OSPF，实现公网互通。

配置 AR1 的 OSPF。

```
[AR1]ospf
[AR1-ospf-1]area 0
[AR1-ospf-1-0.0.0.0]network 10.0.14.0 0.0.0.255
[AR1-ospf-1-0.0.0.0]network 10.0.13.0 0.0.0.255
```

AR1 和 AR2 请读者自行配置，不再赘述。

（3）配置单臂回声（适用于 AR1 和 LSW4 之间链路故障场景）。

① 配置 AR3 的单臂回声。

```
[AR3]bfd //开启 BFD
[AR3-bfd]quit
[AR3]bfd huawei bind peer-ip 10.0.13.1 interface ge0/0/0 one-arm-echo
//单臂回声
[AR3-bfd-session-huwei]                              //创建了一个 BFD 会话
[AR3-bfd-session-huwei]discriminator local 1000  //本端的 BFD 会话 id
[AR3-bfd-session-huwei]commit                        //使能会话
```

查看会话建立情况。

```
[AR3-bfd-session-huwei]display bfd session all
--------------------------------------------------------------------------------
Local Remote    PeerIpAddr     State    Type     InterfaceName
--------------------------------------------------------------------------------

1000  -         10.0.13.1      Up       S_IP_IF   GigabitEthernet0/0/0
--------------------------------------------------------------------------------
    Total UP/DOWN Session Number : 1/0
```

将 AR1 的 GE0/0/0 接口关闭，查看会话表，可知会话状态为 Down，检测成功。

```
[AR3-bfd-session-huwei]display bfd session all
--------------------------------------------------------------------------------
Local Remote    PeerIpAddr     State    Type     InterfaceName
--------------------------------------------------------------------------------

1000  -         10.0.13.1      Down     S_IP_IF   GigabitEthernet0/0/0
--------------------------------------------------------------------------------
    Total UP/DOWN Session Number : 0/1
```

② 配置 BFD 与静态路由联动。

```
[AR3]ip route-static 0.0.0.0 0 10.0.13.1 track bfd-session huawei
Info: Succeeded in modifying route
```

将 AR1 的 GE0/0/0 接口 Down 掉，可知网络联通性正常。

```
PC>ping 100.100.100.100

Ping 100.100.100.100: 32 data bytes, Press Ctrl_C to break
From 100.100.100.100: bytes=32 seq=1 ttl=252 time=46 ms
From 100.100.100.100: bytes=32 seq=2 ttl=252 time=94 ms
From 100.100.100.100: bytes=32 seq=3 ttl=252 time=47 ms
From 100.100.100.100: bytes=32 seq=4 ttl=252 time=94 ms
From 100.100.100.100: bytes=32 seq=5 ttl=252 time=78 ms

--- 100.100.100.100 ping statistics ---
  5 packet(s) transmitted
  5 packet(s) received
  0.00% packet loss
  round-trip min/avg/max = 46/71/94 ms
```

跟踪流量路线，可知 PC 访问外网走联通链路，实现链路切换。

```
PC>tracert 100.100.100.100

traceroute to 100.100.100.100, 8 hops max
(ICMP), press Ctrl+C to stop
 1 10.1.1.254   63 ms  31 ms  47 ms
 2   *  *  *
 3   *10.0.23.2   78 ms  62 ms
```

```
    4   100.100.100.100    63 ms   62 ms   63 ms
```

（4）配置 NQA（Network Quality Analyzer，网络质量分析）（适用于 AR1 与 AR4 之间链路故障场景）。

① 配置 AR3 的 NQA。

```
[AR3]ip route-static 0.0.0.0 0 10.0.13.1
Info: Succeeded in modifying route
[AR3]undo bfd huawei                    //删除 BFD 会话
[AR3]nqa test-instance 1 1
[AR3-nqa-1-1]test-type icmp
[AR3-nqa-1-1]source-address ipv4 10.0.13.3
[AR3-nqa-1-1]destination-address ipv4 100.100.100.100
[AR3-nqa-1-1]frequency 10              //执行的时间间隔
[AR3-nqa-1-1]timeout 1                 //配置 NQA 测试样例自动执行测试的时间间隔
[AR3-nqa-1-1]interval seconds 1        //配置测试报文的发送间隔
[AR3-nqa-1-1]start now                 //开始运行
```

② 配置 NQA 与静态路由联动。

```
[AR3]ip route-static 0.0.0.0 0 10.0.13.1 track nqa 1 1
Info: Succeeded in modifying route
```

将 AR1 的 GE0/0/1 接口 shutdown，查看 NQA 的运行结果，如图 12-12 所示。

```
[AR3]display nqa results
```

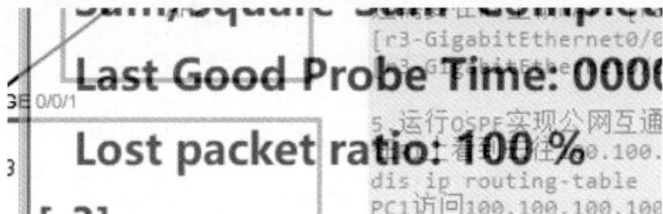

图 12-12　NQA 运行结果

查看路由表，可知链路已切换。

```
[AR3]display ip routing-table
Route Flags: R - relay, D - download to fib
------------------------------------------------------------------------
Routing Tables: Public
        Destinations : 17      Routes : 16

Destination/Mask    Proto   Pre  Cost   Flags NextHop     Interface

       0.0.0.0/0    Static  61   0      RD    10.0.23.2   GigabitEthernet
0/0/1
```

测试外网连通性。

```
PC>ping 100.100.100.100
```

```
Ping 100.100.100.100: 32 data bytes, Press Ctrl_C to break
From 100.100.100.100: bytes=32 seq=1 ttl=252 time=125 ms
From 100.100.100.100: bytes=32 seq=2 ttl=252 time=47 ms
From 100.100.100.100: bytes=32 seq=3 ttl=252 time=47 ms
From 100.100.100.100: bytes=32 seq=4 ttl=252 time=94 ms
From 100.100.100.100: bytes=32 seq=5 ttl=252 time=78 ms

--- 100.100.100.100 ping statistics ---
  5 packet(s) transmitted
  5 packet(s) received
  0.00% packet loss
  round-trip min/avg/max = 47/78/125 ms
```

12.3 某企业 IPSec 项目案例

1. 项目拓扑

某企业 IPSec（IP Security，互联网安全协议）项目拓扑如图 12-13 所示。

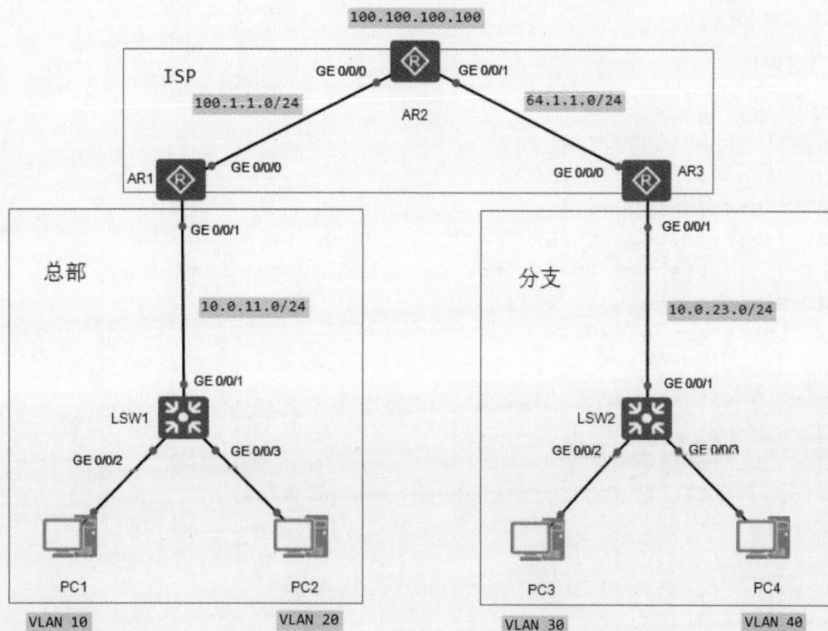

图 12-13 某企业 IPSec 项目拓扑

2. 项目需求

某企业网络使用 OSPF 作为 IGP 协议，实现内部网络的互联互通。IP 地址规划如表 12-3 所示。现要求实现如下需求。

（1）公司总部和分支之间互访，使用 IPSec VPN 传递流量，并且对其加密。

（2）公司内部访问公网时直接访问，无须加密。

表 12-3　IP 地址规划

设备	接口编号	IP 地址
AR1	GE0/0/0	100.1.1.1/24
	GE0/0/1	10.0.11.1/24
AR2	GE0/0/0	100.1.1.2/24
	GE0/0/1	64.1.1.2/24
	Loopback0	100.100.100.100/32（外网出口）
AR3	GE0/0/0	64.1.1.3/24
	GE0/0/1	10.0.23.3/24
LSW1	VLANIF 1	10.0.11.2/24
LSW2	VLANIF 1	10.0.23.2/24

3. 实验步骤

（1）按照 IP 地址规划划分 VLAN 开启 VLANIF 接口，配置链路类型，实现 VLAN 之间的互通。

① 配置 LSW1。

```
<Huawei>system-view
[Huawei]sysname LSW1
[LSW1]vlan batch 10 20
[LSW1]interface ge0/0/1
[LSW1-GigabitEthernet0/0/1]port link-type trunk
[LSW1-GigabitEthernet0/0/1]port trunk allow-pass vlan 10 20
[LSW1-GigabitEthernet0/0/1]quit
[LSW1]interface ge0/0/2
[LSW1-GigabitEthernet0/0/2]port link-type access
[LSW1-GigabitEthernet0/0/2]port default vlan  10
[LSW1-GigabitEthernet0/0/2]quit
[LSW1]interface ge0/0/3
[LSW1-GigabitEthernet0/0/3]port link-type trunk
[LSW1-GigabitEthernet0/0/3]port trunk  allow-pass  vlan 20
[LSW1]interface vlanif 10
[LSW1-vlanif10]ip address 192.168.1.254 24
[LSW1-vlanif10]quit
[LSW1]interface vlanif 20
[LSW1-vlanif20]ip address 192.168.2.254 24
```

② 配置 LSW2。

```
<Huawei>system-view
[Huawei]sysname LSW2
```

```
[LSW2]vlan 30 40
[LSW2-vlan30]quit
[LSW2]interface ge0/0/1
[LSW2-GigabitEthernet0/0/1]port link-type trunk
[LSW2-GigabitEthernet0/0/1]port trunk allow-pass vlan 30 40
[LSW2-GigabitEthernet0/0/1]quit
[LSW2]interface ge0/0/2
[LSW-GigabitEthernet0/0/2]port link-type access
[LSW2-GigabitEthernet0/0/2]port default vlan 30
[LSW2-GigabitEthernet0/0/2] interface ge0/0/3
[LSW2-GigabitEthernet0/0/3] port link-type access
[LSW2-GigabitEthernet0/0/2]port default vlan 40
[LSW2]interface vlanif 30
[LSW2-vlanif30]ip address 192.168.3.254 24
[LSW2-vlanif30]quit
[LSW2]interface vlanif 40
[LSW2-vlanif100]ip address 192.168.4.254 24
```

PC 静态配置 IP 地址不再赘述。

（2）配置 OSPF，实现公司内部通信。配置静态路由，实现 AR1 和 AR3 路由可达。

① 配置 AR1 的 OSPF。

```
[AR1]ospf
[AR1-ospf-1]area 0
[AR1-ospf-1-area-0.0.0.0]network 10.0.11.0  0.0.0.255
[AR1-ospf-1-area-0.0.0.0]quit
[AR1-ospf-1]quit
```

② 配置 LSW1 的 OSPF。

```
[LSW1]ospf
[LSW1-ospf-1]area 0
[LSW1-ospf-1-area-0.0.0.0]network 192.168.1.0  0.0.0.255
[LSW1-ospf-1-area-0.0.0.0]network 192168.2.0  0.0.0.255
[LSW1-ospf-1-area-0.0.0.10]network 10.0.11.0  0.0.0.255
[LSW1-ospf-1-area-0.0.0.10]quit
```

③ 配置 AR3 的静态路由。

```
[AR3]ip route-static 0.0.0.0 0 64.1.1.2
```

④ 测试连通性。

```
[AR3]ping 100.1.1.1
  PING 100.1.1.1: 56  data bytes, press CTRL_C to break
   Request time out
   Reply from 100.1.1.1: bytes=56 Sequence=2 ttl=254 time=40 ms
   Reply from 100.1.1.1: bytes=56 Sequence=3 ttl=254 time=30 ms
   Reply from 100.1.1.1: bytes=56 Sequence=4 ttl=254 time=30 ms
   Reply from 100.1.1.1: bytes=56 Sequence=5 ttl=254 time=30 ms

   --- 100.1.1.1 ping statistics ---
```

```
    5 packet(s) transmitted
    4 packet(s) received
    20.00% packet loss
    round-trip min/avg/max = 30/32/40 ms

[AR3]ping 100.100.100.100
  PING 100.100.100.100: 56  data bytes, press CTRL_C to break
    Reply from 100.100.100.100: bytes=56 Sequence=1 ttl=255 time=60 ms
    Reply from 100.100.100.100: bytes=56 Sequence=2 ttl=255 time=20 ms
    Reply from 100.100.100.100: bytes=56 Sequence=3 ttl=255 time=30 ms
    Reply from 100.100.100.100: bytes=56 Sequence=4 ttl=255 time=30 ms
    Reply from 100.100.100.100: bytes=56 Sequence=5 ttl=255 time=40 ms

  --- 100.100.100.100 ping statistics ---
    5 packet(s) transmitted
    5 packet(s) received
    0.00% packet loss
    round-trip min/avg/max = 20/36/60 ms
```

⑤ 下发默认路由，使网关设备有去往对端的路由。

```
AR1:
[AR1-ospf-1]default-route-advertise always
AR3:
[AR3-ospf-1]default-route-advertise always
```

⑥ 查看 LSW1 的路由表，可知默认路由下发成功。

```
[LSW1]display ip routing-table
Route Flags: R - relay, D - download to fib
------------------------------------------------------------------------
Routing Tables: Public
         Destinations : 9        Routes : 9

Destination/Mask    Proto    Pre  Cost      Flags NextHop        Interface

        0.0.0.0/0   O_ASE    150  1         D   10.0.11.1        vlanif1
       10.0.11.0/24 Direct   0    0         D   10.0.11.2      vlanif1
       10.0.11.2/32 Direct   0    0         D   127.0.0.1      vlanif1
      127.0.0.0/8   Direct   0    0         D   127.0.0.1      InLoopBack0
      127.0.0.1/32  Direct   0    0         D   127.0.0.1      InLoopBack0
     192.168.1.0/24 Direct   0    0         D   192.168.1.254  vlanif10
   192.168.1.254/32 Direct   0    0         D   127.0.0.1      vlanif10
     192.168.2.0/24 Direct   0    0         D   192.168.2.254  vlanif20
   192.168.2.254/32 Direct   0    0         D   127.0.0.1      vlanif20
```

（3）配置 IPSec VPN。

① 用 ACL 匹配需要加密的流量。

```
[AR1]acl number 3000
```

```
    [AR1-acl-adv-3000]rule 5 permit ip source 192.168.1.0 0.0.0.255
destination 192.168.3.0 0.0.0.255
    [AR1-acl-adv-3000]rule 10 permit ip source 192.168.1.0 0.0.0.255
destination 192.168.4.0 0.0.0.255
    [AR1-acl-adv-3000] rule 15 permit ip source 192.168.2.0 0.0.0.255
destination 192.168.3.0 0.0.0.255
    [AR1-acl-adv-3000] rule 20 permit ip source 192.168.2.0 0.0.0.255
destination 192.168.4.0 0.0.0.255
    [AR3]acl number 3000
    [AR3-acl-adv-3000]rule 5 permit ip source 192.168.3.0 0.0.0.255
destination 192.168.1.0 0.0.0.255
    [AR3-acl-adv-3000]rule 10 permit ip source 192.168.3.0 0.0.0.255
destination 192.168.2.0 0.0.0.255
    [AR3-acl-adv-3000]rule 15 permit ip source 192.168.4.0 0.0.0.255
destination 192.168.1.0 0.0.0.255
    [AR3-acl-adv-3000] rule 20 permit ip source 192.168.4.0 0.0.0.255
destination 192.168.2.0 0.0.0.255
```

② 配置 IKE（Internet Key Exchange，互联网密钥交换）的安全联盟（协商 IPSec 的协商报文传递时的加密、认证参数）。

a. 配置 AR1 的 IKE 的安全联盟。

```
    [AR1]ike  proposal 1                          //创建安全提议
    [AR1]ike peer huawei v1
    [AR1-ike-peer-huawei]ike-proposal 1           //调用写的提议
    [AR1-ike-peer-huawei]pre-shared-key simple huawei    //密钥为 huawei
    [AR1-ike-peer-huawei]remote-address 64.1.1.3  //配置对等体 IP 地址，即分公司的出口 IP
```

b. 配置 AR3 的 IKE 的安全联盟。

```
    [AR3]ike peer huawei v1
    [AR3-ike-peer-huawei]pre-shared-key simple huawei
    [AR3-ike-peer-huawei]ike-proposal 1
    [AR3-ike-peer-huawei]remote-address 100.1.1.1
```

③ 配置 IPSec 的安全联盟（协商业务数据加密时使用的参数）。

```
    [AR1]ipsec proposal 1
    [AR1]display ipsec proposal                    //默认
    Number of proposals: 1
    IPSec proposal name: 1
    Encapsulation mode: Tunnel                      //封装
    Transform       : esp-new
    ESP protocol    : Authentication MD5-HMAC-96   //认证
                      Encryption    DES            //业务流量加密方式
```

④ 配置 IPSec 的安全策略。

a. 配置 AR1 的 IPSec 安全策略。

```
    [AR1]ipsec policy huawei 10 isakmp             //创建安全策略 isa，表示自动协商
    [AR1-ipsec-policy-isakmp-huawei-10]security  acl 3000
```

```
[AR1-ipsec-policy-isakmp-huawei-10]proposal 1
[AR1-ipsec-policy-isakmp-huawei-10]ike-peer huawei
```

b. 配置 AR3 的 IPSec 安全策略。

```
[AR3]ipsec policy huawei 10 isakmp
[AR3-ipsec-policy-isakmp-huawei-10]security acl 3000
[AR3-ipsec-policy-isakmp-huawei-10]ike-peer huawei
[AR3-ipsec-policy-isakmp-huawei-10]proposal 1
```

⑤ 调用 IPSec 的安全策略。

```
[AR1-GigabitEthernet0/0/0]ipsec policy huawei
```

测试连通性。

```
PC>ping 192.168.3.1

Ping 192.168.3.1: 32 data bytes, Press Ctrl_C to break
From 192.168.3.1: bytes=32 seq=1 ttl=125 time=141 ms
From 192.168.3.1: bytes=32 seq=2 ttl=125 time=78 ms
From 192.168.3.1: bytes=32 seq=3 ttl=125 time=47 ms
From 192.168.3.1: bytes=32 seq=4 ttl=125 time=78 ms
From 192.168.3.1: bytes=32 seq=5 ttl=125 time=62 ms

--- 192.168.3.1 ping statistics ---
  5 packet(s) transmitted
  5 packet(s) received
  0.00% packet loss
  round-trip min/avg/max = 47/81/141 ms
```

抓包查看配置情况，可以看到发了 5 个包，加密 5 个包。

```
[AR1]display ipsec sa
 [Outbound ESP SAs]
     SPI: 331953965 (0x13c9372d)
     Proposal: ESP-ENCRYPT-DES-64 ESP-AUTH-MD5
     SA remaining key duration (bytes/sec): 1887360000/3429
     Max sent sequence-number: 5
     UDP encapsulation used for NAT traversal: N

    [Inbound ESP SAs]
     SPI: 499229182 (0x1dc1a1fe)
     Proposal: ESP-ENCRYPT-DES-64 ESP-AUTH-MD5
     SA remaining key duration (bytes/sec): 1887436500/3429
     Max received sequence-number: 5
```

（4）配置 NAT，实现内网访问外网。

配置 AR1 的 NAT。

```
[AR1]acl number 3001
[AR1-acl-adv-3001]rule 5 deny ip source 192.168.1.0 0.0.0.255 destination
192.168.3.0 0.0.0.255
```

```
    [AR1-acl-adv-3001]rule 10 deny ip source 192.168.1.0 0.0.0.255
destination 192.168.4.0 0.0.0.255
    [AR1-acl-adv-3001]rule 20 deny ip source 192.168.2.0 0.0.0.255
destination 192.168.3.0 0.0.0.255
    [AR1-acl-adv-3001]rule 25 deny ip source 192.168.2.0 0.0.0.255
destination 192.168.4.0 0.0.0.255
```

AR3 同理，不再赘述。

PC1 访问 PC3，可以发现 NAT 配置成功。

```
    PC>ping 192.168.3.1

    Ping 192.168.3.1: 32 data bytes, Press Ctrl_C to break
    From 192.168.3.1: bytes=32 seq=1 ttl=125 time=62 ms
    From 192.168.3.1: bytes=32 seq=2 ttl=125 time=79 ms
    From 192.168.3.1: bytes=32 seq=3 ttl=125 time=78 ms
    From 192.168.3.1: bytes=32 seq=4 ttl=125 time=78 ms
    From 192.168.3.1: bytes=32 seq=5 ttl=125 time=62 ms

    --- 192.168.3.1 ping statistics ---
      5 packet(s) transmitted
      5 packet(s) received
      0.00% packet loss
      round-trip min/avg/max = 62/71/79 ms
```

网络可靠性项目案例

  局域网中的用户终端通常采用配置一个默认网关的形式访问外部网络，如果默认网关设备发生故障，那么所有用户终端访问外部网络的流量将会中断。可以通过部署虚拟路由器冗余协议（Virtual Router Redundancy Protocol，VRRP）既能够实现网关的备份，又能解决多个网关之间互相冲突的问题，从而提高网络可靠性。

扫一扫，看视频

1. 项目拓扑

某企业项目拓扑如图 13-1 所示。

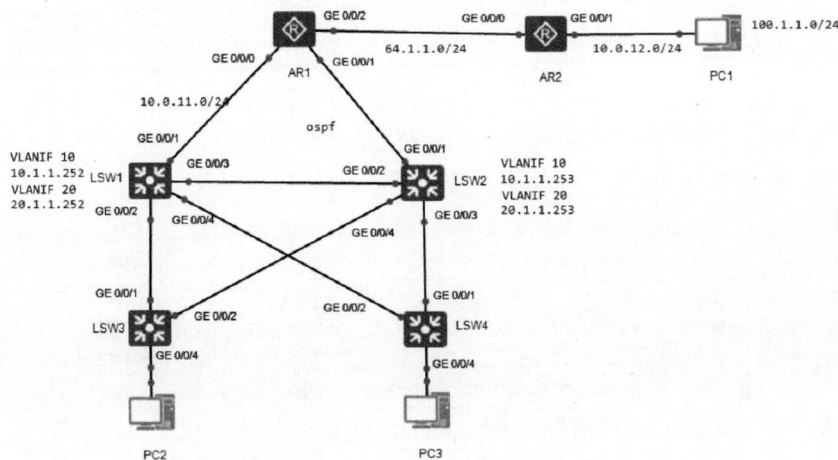

图 13-1　某企业项目拓扑

2. 项目需求

某公司内部为了实现高冗余性，部署了两台汇聚交换机，分别为 LSW1、LSW2，AR1 为公司的出口设备。公司内部有两个部门，分别划分在 VLAN 10 和 VLAN 20。现需要实现以下需求。

（1）由于汇聚层和接入层采用二层组网，因此需要使用 MSTP 防止环路。

（2）LSW1 和 LSW2 作为内部设备的网关，应使用 VRRP 技术实现网关冗余，效果是 LSW1 为 VLAN 10 的主网关，LSW2 为 VLAN 20 的主网关。

（3）在 LSW1 和 LSW2 的 OSPF 进程上引入 VLAN 10 和 VLAN 20 的 IP 网段时，使用 route-policy（if-match 不同的 VLANIF，设置不同的 cost 值），使 PC2、PC3 访问 PC1 的回包流量路径如下：PC2 访问 PC1 的回包路径为 PC1—AR2—AR1—LSW1—LSW3—PC2，PC3 的回包路径为 PC1—AR2—LSW2—LSW4—PC3。

（4）当 LSW1 的上行链路故障时，PC2 访问外网的路径为 PC2—LSW3—LSW2—AR1；当 LSW2 的上行链路故障时，PC3 访问外网的路径为 PC3—LSW4—LSW2—AR1。

3. 实验步骤

（1）配置 MSTP。

① 在 LSW1 上配置 MSTP。

```
[LSW1]stp region-configuration
[LSW1-mst-region]region-name huawei
[LSW1-mst-region]revision-level 1
[LSW1-mst-region]instance 10 vlan 10
[LSW1-mst-region]instance 20 vlan 20
[LSW1-mst-region]active region-configuration
```

其他交换机同理，不再赘述。

② 在交换机上划分 VLAN，并配置接口链路类型。此时配置的实例生效，可得 LSW1 不为根桥，修改 LSW1 为 VLAN 10 的主网关，避免引起次优路径问题。

```
[LSW1]display brief
MSTID  Port                       Role  STP State    Protection
   0   GigabitEthernet0/0/1       DESI  FORWARDING   NONE
   0   GigabitEthernet0/0/2       DESI  FORWARDING   NONE
   0   GigabitEthernet0/0/3       ALTE  DISCARDING   NONE
   0   GigabitEthernet0/0/4       ROOT  FORWARDING   NONE
  10   GigabitEthernet0/0/2       DESI  FORWARDING   NONE
  10   GigabitEthernet0/0/3       ALTE  DISCARDING   NONE
  10   GigabitEthernet0/0/4       ROOT  FORWARDING   NONE
  20   GigabitEthernet0/0/2       DESI  FORWARDING   NONE
  20   GigabitEthernet0/0/3       ALTE  DISCARDING   NONE
  20   GigabitEthernet0/0/4       ROOT  FORWARDING   NONE
```

配置 LSW1 为 instance 10 的根桥。

```
[LSW1]stp instance 10 root primary
[LSW1]stp instance 20 root secondary
```

配置 LSW2 为实例 2 的根桥，不再赘述。

查看配置，可知配置成功。

```
[LSW1]display stp brief
MSTID  Port                       Role  STP State    Protection
   0   GigabitEthernet0/0/1       DESI  FORWARDING   NONE
   0   GigabitEthernet0/0/2       DESI  FORWARDING   NONE
   0   GigabitEthernet0/0/3       ALTE  DISCARDING   NONE
   0   GigabitEthernet0/0/4       ROOT  FORWARDING   NONE
  10   GigabitEthernet0/0/2       DESI  FORWARDING   NONE
  10   GigabitEthernet0/0/3       DESI  FORWARDING   NONE
  10   GigabitEthernet0/0/4       DESI  FORWARDING   NONE
  20   GigabitEthernet0/0/2       DESI  LEARNING     NONE
  20   GigabitEthernet0/0/3       ROOT  FORWARDING   NONE
  20   GigabitEthernet0/0/4       DESI  FORWARDING   NONE
```

（2）配置 VRRP。

① 配置主网关。

```
[LSW1]interface vlanif 10
[LSW1-vlanif10]ip address 10.1.1.252 24
[LSW1]interface vlanif 20
[LSW1-vlanif20]ip address 20.1.1.252 24
[LSW2]interface vlanif 10
[LSW2-vlanif10]ip address 10.1.1.253 24
[LSW2]interface vlanif 20
[LSW2-vlanif20]ip address 20.1.1.253 24
```

② 修改优先级主备切换。

a. 配置 LSW1。

```
[LSW1]interface vlanif10
[LSW1-vlanif10]ip address 10.1.1.252 255.255.255.0
[LSW1-vlanif10]vrrp vrid 1 virtual-ip 10.1.1.254
[LSW1-vlanif10]vrrp vrid 1 priority 120
[LSW1]interface vlanif20
[LSW1-vlanif20]ip address 20.1.1.252 255.255.255.0
[LSW1-vlanif20]vrrp vrid 2 virtual-ip 20.1.1.254
```

b. 配置 LSW2。

```
[LSW2]interface vlanif10
[LSW2-vlanif10]ip address 10.1.1.253 255.255.255.0
[LSW2-vlanif10]vrrp vrid 1 virtual-ip 10.1.1.254
[LSW2]interface vlanif20
[LSW2-vlanif20]ip address 20.1.1.253 255.255.255.0
[LSW2-vlanif20]vrrp vrid 2 virtual-ip 20.1.1.254
[LSW2-vlanif20]vrrp vrid 2 priority 120
```

③ 测试。

a. 查看 VRRP 配置。

```
[LSW1]display vrrp brief
VRID  State     Interface           Type     Virtual IP
-------------------------------------------------------------
1     Master    vlanif10            Normal   10.1.1.254
2     Backup    vlanif20            Normal   20.1.1.254
-------------------------------------------------------------
Total:2    Master:1    Backup:1    Non-active:0
```

b. 测试网络连通性。

```
PC>ping 10.1.1.254

Ping 10.1.1.254: 32 data bytes, Press Ctrl_C to break
From 10.1.1.254: bytes=32 seq=1 ttl=255 time=78 ms
From 10.1.1.254: bytes=32 seq=2 ttl=255 time=47 ms
From 10.1.1.254: bytes=32 seq=3 ttl=255 time=31 ms
From 10.1.1.254: bytes=32 seq=4 ttl=255 time=47 ms
From 10.1.1.254: bytes=32 seq=5 ttl=255 time=47 ms

--- 10.1.1.254 ping statistics ---
  5 packet(s) transmitted
  5 packet(s) received
  0.00% packet loss
  round-trip min/avg/max = 31/50/78 ms

PC>
```

（3）运行 OSPF，并配置 NAT，实现网络互联互通。

① 配置 OSPF。

a. 配置 LSW1 的 OSPF。

```
[LSW1-vlanif1]ip address 10.0.11.2 24
[LSW1]ospf 1
[LSW1-ospf-1]import-route direct                    //以路由引入方式，方便选路
[LSW1-ospf-1]area 0
[LSW1-ospf-1-area-0.0.0.0]network 10.0.11.0 0.0.0.255   //只宣告一个网段
```

b. 配置 LSW2 的 OSPF。

```
[LSW2-vlanif1]ip address 10.0.12.2 24
[LSW2]ospf 1
[LSW2-ospf-1]import-route direct
[LSW2-ospf-1]area 0
[LSW2-ospf-1-area-0.0.0.0]network 10.0.12.0 0.0.0.255
```

c. 配置 AR1 的 OSPF。

```
[AR1]ospf 1
[AR1-ospf-1-area-0.0.0.0]network 10.0.11.0 0.0.0.255
[AR1-ospf-1-area-0.0.0.0]network 10.0.12.0 0.0.0.255
```

查看协议。

```
[AR1]display ip routing-table protocol  ospf
Route Flags: R - relay, D - download to fib
------------------------------------------------------------------
Public routing table : OSPF
        Destinations : 4      Routes : 6

OSPF routing table status : <Active>
        Destinations : 4      Routes : 6

Destination/Mask    Proto   Pre  Cost Flags  NextHop      Interface

      10.1.1.0/24   O_ASE   150  1     D     10.0.11.2    GigabitEthernet
0/0/0
                    O_ASE   150  1     D     10.0.12.2    GigabitEthernet
0/0/1
      10.1.1.254/32 O_ASE   150  1     D     10.0.11.2    GigabitEthernet
0/0/0
      20.1.1.0/24   O_ASE   150  1     D     10.0.11.2    GigabitEthernet
0/0/0
                    O_ASE   150  1     D     10.0.12.2    GigabitEthernet
0/0/1
      20.1.1.254/32 O_ASE   150  1     D     10.0.12.2    GigabitEthernet
0/0/1

OSPF routing table status : <Inactive>
```

```
            Destinations : 0        Routes : 0
```

② 配置 NAT。

```
[AR1]acl 2000
[AR1-acl-basic-2000]rule permit source any
[AR1-acl-basic-2000]interface ge0/0/2
[AR1-GigabitEthernet0/0/2]nat outbound 2000
[AR1-GigabitEthernet0/0/2]quit
```

配置 AR1 去往外网的路由。

```
[AR1]ip route-static 0.0.0.0 0 64.1.1.2        //配置去往外网的路由
[AR1]ping 100.1.1.1
  PING 100.1.1.1: 56  data bytes, press CTRL_C to break
    Reply from 100.1.1.1: bytes=56 Sequence=1 ttl=127 time=20 ms
    Reply from 100.1.1.1: bytes=56 Sequence=2 ttl=127 time=30 ms
    Reply from 100.1.1.1: bytes=56 Sequence=3 ttl=127 time=20 ms
    Reply from 100.1.1.1: bytes=56 Sequence=4 ttl=127 time=20 ms
    Reply from 100.1.1.1: bytes=56 Sequence=5 ttl=127 time=20 ms

  --- 100.1.1.1 ping statistics ---
    5 packet(s) transmitted
    5 packet(s) received
    0.00% packet loss
round-trip min/avg/max = 20/22/30 ms
```

配置 PC 端去往外网的路由。

```
[AR1-ospf-1]default-route-advertise  //下发默认路由
PC>ping 100.1.1.1

Ping 100.1.1.1: 32 data bytes, Press Ctrl_C to break
From 100.1.1.1: bytes=32 seq=1 ttl=125 time=62 ms
From 100.1.1.1: bytes=32 seq=2 ttl=125 time=63 ms
From 100.1.1.1: bytes=32 seq=3 ttl=125 time=78 ms
From 100.1.1.1: bytes=32 seq=4 ttl=125 time=47 ms
From 100.1.1.1: bytes=32 seq=5 ttl=125 time=62 ms

--- 100.1.1.1 ping statistics ---
  5 packet(s) transmitted
  5 packet(s) received
  0.00% packet loss
  round-trip min/avg/max = 47/62/78 ms

PC>
```

（4）按需求配置路由策略，实现 PC2 访问 PC1 的回包路径为 PC1—AR2—AR1—LSW1—LSW3—PC2，PC3 的回包路径为 PC1—AR2—LSW2—LSW4—PC3。

① 配置 LSW1 的路由策略。

```
[LSW1-route-policy]route-policy 1 permit node 10
```

```
[LSW1-route-policy]if-match interface vlanif20
[LSW1-route-policy]apply cost 100
[LSW1]route-policy 1 permit node 20
Info: New Sequence of this List
[LSW1-ospf-1]import-route direct route-policy 1   //调用策略
```

查看路由表，可知去往 20 网段下一跳相同。

```
<AR1>dis ip routing-table protocol ospf
Route Flags: R - relay, D - download to fib
------------------------------------------------------------------------
Public routing table : OSPF
        Destinations : 4       Routes : 5

OSPF routing table status : <Active>
        Destinations : 4       Routes : 5

Destination/Mask   Proto   Pre  Cost  Flags  NextHop      Interface

    10.1.1.0/24    O_ASE   150  1     D      10.0.11.2    GigabitEthernet
0/0/0
                   O_ASE   150  1     D      10.0.12.2    GigabitEthernet
0/0/1
    10.1.1.254/32  O_ASE   150  1     D      10.0.11.2    GigabitEthernet
0/0/0
    20.1.1.0/24    O_ASE   150  1     D      10.0.12.2    GigabitEthernet
0/0/1
    20.1.1.254/32  O_ASE   150  1     D      10.0.12.2    GigabitEthernet
0/0/1

OSPF routing table status : <Inactive>
        Destinations : 0       Routes : 0
```

② 配置 LSW2 的路由策略。

```
[LSW2] route-policy 1 permit node 10
[LSW2-route-policy]if-match interface vlanif10
[LSW2-route-policy]apply cost 100
[LSW2]route-policy 1 permit node 20
[LSW2-ospf-1]import-route  direct route-policy 1
```

（5）配置上行链路故障联动下行，实现需求（4）。

① 配置 LSW1。

```
[LSW1]display vrrp
  vlanif10 | Virtual Router 1
    State : Backup
    Virtual IP : 10.1.1.254
    Master IP : 10.1.1.253
    PriorityRun : 80        //减少40
```

```
    PriorityConfig : 120        //配置 120
    MasterPriority : 100
    Preempt : YES   Delay Time : 0 s
    TimerRun : 1 s
    TimerConfig : 1 s
    Auth type : NONE
    Virtual MAC : 0000-5e00-0101
    Check TTL : YES
    Config type : normal-vrrp
    Track IF : GigabitEthernet0/0/1   Priority reduced : 40
    IF state : DOWN
  Create time : 2023-07-25 15:28:52 UTC-08:00
```

联动接口。

```
[LSW1]monitor-link group 1
[LSW1-mtlk-group1]port GigabitEthernet 0/0/1 uplink
[LSW1-mtlk-group1]port  GigabitEthernet 0/0/2 downlink
//上行链路故障联动下行链路断开
```

② 配置 LSW2。

```
[LSW2-vlanif20]ip address 20.1.1.253 255.255.255.0
[LSW2-vlanif20]vrrp vrid 2 virtual-ip 20.1.1.254
[LSW2-vlanif20]vrrp vrid 2 priority 120
[LSW2-vlanif20]vrrp vrid 2 track interface GigabitEthernet0/0/1 reduced 80
```

联动接口。

```
[LSW2]monitor-link group 1
[LSW2-mtlk-group1]port GigabitEthernet 0/0/1 uplink
[LSW2-mtlk-group1]port GigabitEthernet 0/0/3 downlink
```

补充：配置抢占延时，使得 G0/0/1 恢复时重新学习 OSPF 路由期间流量正常访问。

配置 LSW1。

```
[LSW1-vlanif10]vrrp vrid 1 preempt-mode timer delay 60
```

LSW2 同理。

‖ 第 14 章 ‖
某酒店大型 WLAN 组网项目案例

目前，大多数企业办公环境同时使用有线和无线网络来支撑业务。办公区在提供有线网口的同时，也采用全 Wi-Fi 覆盖，办公环境更为开放和智能。未来，企业云桌面办公、智真会议、4K 视频等大带宽业务将从有线网络迁移至无线网络，而 VR/AR、虚拟助手、自动化工厂等新技术将直接基于无线网络部署。新的应用场景对企业 WLAN 的设计与规划提出更高的要求。

扫一扫，看视频

1. 项目拓扑

某酒店项目拓扑如图 14-1 所示。

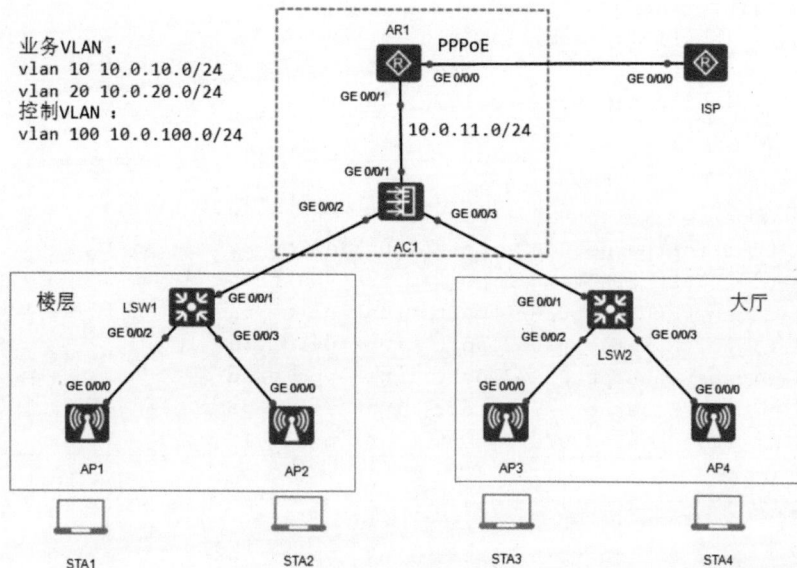

图 14-1　某酒店项目拓扑

2. 项目需求

图 14-1 中，AR1 为酒店的出口设备，通过与运营 PPPoE 拨号实现访问外网。通过配置 AC1，实现对 AP1～AP4 的纳管以及无线配置的下发。现要求实现如下需求。

（1）AP1 和 AP2 为房间的面板 AP，在 AC 上做配置，让楼层的无线 SSID 为 LC，无线密码为 huawei123，楼层的终端设备属于 VLAN10。

（2）AP3、AP4 为大厅的 AP 设备，通过在 AC 配置实现楼层的 WLAN SSID 为 DT，密码为 huawei123，大厅的 STA 上网使用 VLAN 20。

（3）AC 和 AP 通信的控制 VLAN 为 VLAN 100，所有终端设备都通过 AR1 获取 IP 地址，所有的 STA 都能实现访问外部网络。

3. 实验步骤

（1）配置 AC，实现 AC 纳管 AP 并下发配置。

① 创建 VLAN，开启 DHCP，使 AP 获取 IP 地址。

a. 配置 AC。

```
Enter system view, return user view with Ctrl+Z
[AC6605]vlan batch 10 20 100
Info: This operation may take a few seconds. Please wait for a
moment...done
[AC6605]dhcp enable
```

```
[AC6605]interface vlanif 100
[AC6605-vlanif100]ip address 10.0.100.254 24
[AC6605-vlanif100]dhcp select interface
[AC6605]interface vlanif 10
[AC6605-vlanif10]ip address 10.0.10.254 24
[AC6605-vlanif10]interface vlanif 20
[AC6605-vlanif20]ip address 10.0.20.254 24
```

b. 配置 LSW1。

```
[LSW1]vlan batch 10 20 100
[LSW1-GigabitEthernet0/0/1]port link-type trunk
[LSW1-GigabitEthernet0/0/1]port trunk allow-pass vlan 10 20 100
[LSW1-GigabitEthernet0/0/2]port link-type trunk
[LSW1-GigabitEthernet0/0/2]port trunk allow-pass vlan 10 20 100
[LSW1-GigabitEthernet0/0/2]port trunk pvid vlan 100
[LSW1-GigabitEthernet0/0/3]port link-type trunk
[LSW1-GigabitEthernet0/0/3]port trunk allow-pass vlan 10 20 100
[LSW1-GigabitEthernet0/0/3]port trunk pvid vlan 100
```

c. 配置 LSW2。

```
[LSW2]vlan batch 10 20 100
[LSW2-GigabitEthernet0/0/1]port link-type trunk
[LSW2-GigabitEthernet0/0/1]port trunk allow-pass vlan 10 20 100
[LSW2-GigabitEthernet0/0/2]port link-type trunk
[LSW2-GigabitEthernet0/0/2]port trunk allow-pass vlan 10 20 100
[LSW2-GigabitEthernet0/0/2]port trunk pvid vlan 100
[LSW2-GigabitEthernet0/0/3]port link-type trunk
[LSW2-GigabitEthernet0/0/3]port trunk allow-pass vlan 10 20 100
[LSW2-GigabitEthernet0/0/3]port trunk pvid vlan 100
```

② 下发 WLAN 配置。

a. 在 AC 上配置 CAPWAP（Control And Provisioning of Wireless Access Points，无线接入点的控制和配置）隧道。

```
[AC6605]capwap source interface vlanif 100
```

b. AP 上线。

创建 AP 组。

```
[AC6605-wlan-view]ap-group name lc
Info: This operation may take a few seconds. Please wait for a moment.done
[AC6605-wlan-ap-group-lc]quit
[AC6605-wlan-view]ap-group name dt
Info: This operation may take a few seconds. Please wait for a moment.done
[AC6605-wlan-ap-group-dt]quit
```

让 AP 加入对应的组。

```
[AC6605-wlan-view]ap-id 1 ap-mac 00e0-fcdb-1960  //绑定 AP 的 MAC 地址
[AC6605-wlan-ap-1]ap-name ap1
[AC6605-wlan-ap-1]ap-group lc
```

```
Warning: This operation may cause AP reset. If the country code changes, it will
clear channel, power and antenna gain configurations of the radio, Whether to
continue? [Y/N]:y
Info: This operation may take a few seconds. Please wait for a moment. done
[AC6605-wlan-ap-1]
<Huawei>dis in vlanif 1
vlanif1 current state : UP
Line protocol current state : UP
Last line protocol up time : 2023-07-25 07:00:52 UTC-05:13
Description: HUAWEI, AP Series, vlanif1 Interface
Route Port, The Maximum Transmit Unit is 1500
Internet Address is a Located by DHCP, 10.0.100.90/24
IP Sending Frames' Format is PKTFMT_ETHNT_2, Hardware address is 00e0-
fcdb-1960
```

查看 AP 命令行界面，说明 AP1 上线。AP2、AP3、AP4 同理，不再赘述。

```
<Huawei>
===== CAPWAP LINK IS UP!!! =====
```

c. 下发配置。

SSID 模块下发配置。

```
[AC6605-wlan-view]ssid-profile name lc          //创建 LC  SSID 模板
[AC6605-wlan-ssid-prof-lc]ssid lc  SSID 叫 LC
Info: This operation may take a few seconds, please wait.done
[AC6605-wlan-view]ssid-profile name dt
[AC6605-wlan-ssid-prof-dt]ssid dt               //真正看到的名字
Info: This operation may take a few seconds, please wait.done
```

安全模块下发配置。

```
[AC6605-wlan-view]security-profile name huawei
[AC6605-wlan-sec-prof-huawei]security wpa-wpa2 psk（加密）
[AC6605-wlan-sec-prof-huawei]security wpa-wpa2 psk pass-phrase huawei@123
aes（对密码加密）
```

调用模块。

```
[AC6605-wlan-view]vap-profile name lc
[AC6605-wlan-vap-prof-lc]service-vlan vlan-id 10//STA 加入的 vlan
[AC6605-wlan-vap-prof-lc]ssid-profile lc
[AC6605-wlan-vap-prof-lc]security-profile huawei  //只写了一个安全模板，密码相同
[AC6605-wlan-view]vap-profile name dt
[AC6605-wlan-vap-prof-dt]service-vlan vlan-id 20
[AC6605-wlan-vap-prof-dt]ssid-profile dt
[AC6605-wlan-vap-prof-dt]security-profile huawei
```

在 AP 组里调用 VAP 模块。

```
[AC6605-wlan-view]ap-group name lc
[AC6605-wlan-ap-group-lc]vap-profile lc wlan 1 radio 0（2.4G  1：5G）
Info: This operation may take a few seconds, please wait...done
```

```
[AC6605-wlan-ap-group-lc]
[AC6605-wlan-ap-group-dt]vap-profile dt wlan 2 radio 1
Info: This operation may take a few seconds, please wait...done
[AC6605-wlan-ap-group-dt]
```

通过图 14-2 可以看到所有的 AP 都上线了。

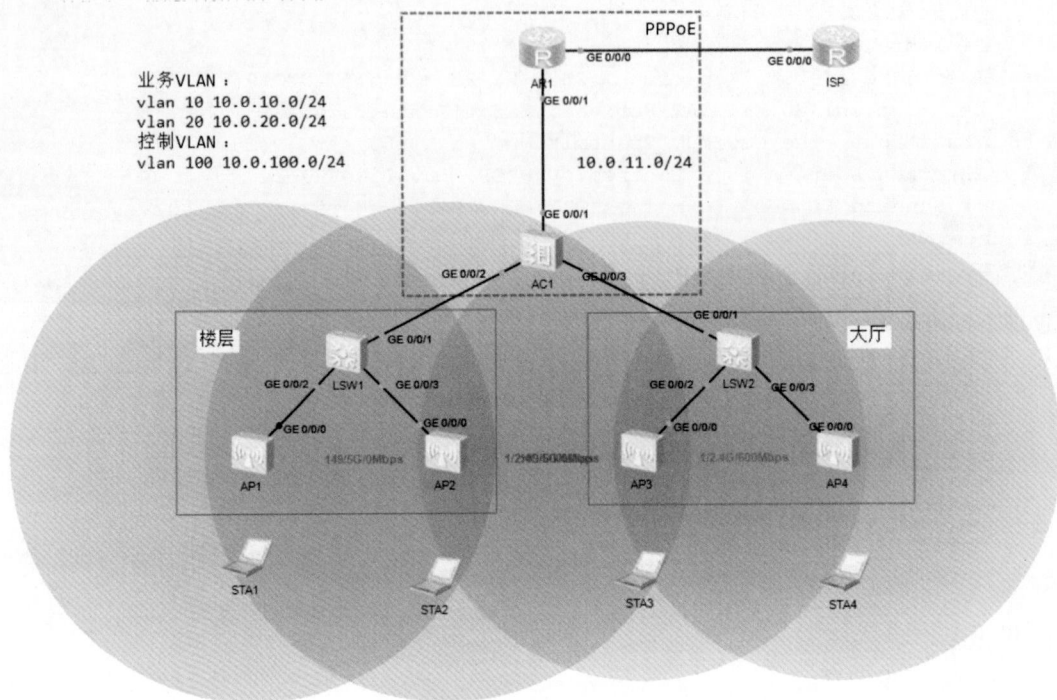

图 14-2 所有的 AP 都上线了

（2）配置 DHCP 中继。

① 配置 DHCP 服务器。

配置 AC。

```
[AC6605]interface vlanif 1
[AC6605-vlanif1]ip address 10.0.11.2 24
[AC6605-vlanif1]ping 10.0.11.1
```

配置 AR1 的 DHCP 服务器。

```
[AR1] ip pool vlan10                           //创建 VLAN 10 的服务器地址池
[AR1-ip-pool-vlan10]gateway-list 10.0.10.254
[AR1-ip-pool-vlan10]network 10.0.10.0 mask 255.255.255.0
[AR1-ip-pool-vlan10]dns-list 8.8.8.8
[AR1-GigabitEthernet0/0/1]dhcp select global //接口选择基于全局

[AR1] ip pool vlan20                           //创建 VLAN 20 的服务器地址池
```

```
[AR1-ip-pool-vlan20]gateway-list 10.0.20.254
[AR1-ip-pool-vlan20]network 10.0.20.0 mask 255.255.255.0
[AR1-ip-pool-vlan20]dns-list 8.8.8.8
[AR1-GigabitEthernet0/0/1]dhcp select global //接口选择基于全局
```

② 配置中继。

```
[AC6605-vlanif10]dhcp select relay
[AC6605-vlanif10]dhcp relay server-ip 10.0.11.1
[AC6605-vlanif20]dhcp select relay
[AC6605-vlanif20]dhcp relay server-ip 10.0.11.1
```

③ 配置静态路由。

```
[AR1]ip route-static 10.0.10.0 24 10.0.11.2
[AR1]ip route-static 10.0.20.0 24 10.0.11.2
```

通过图 14-3 可以看到终端设备连上了 AP。

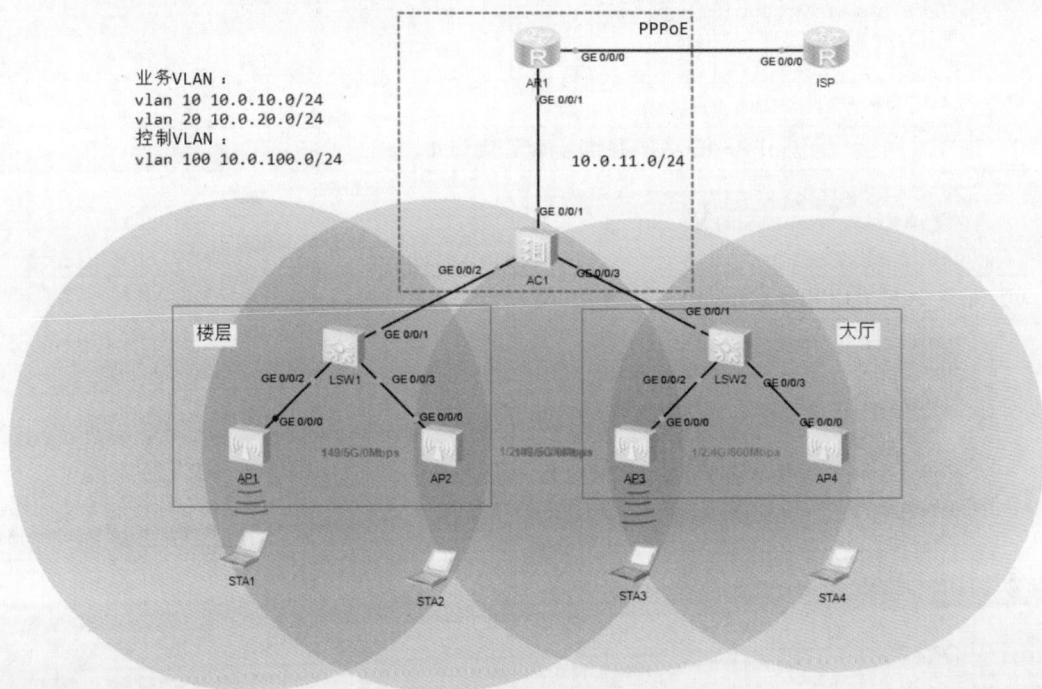

图 14-3　终端设备连上了 AP

（3）配置 PPPoE 拨号上网。

① 配置 PPPoE Sever 的地址池。

```
<Huawei>system-view
Enter system view, return user view with Ctrl+Z
[Huawei]sysname PPPoE sever
[PPPoE sever]ip pool pool1
```

```
Info: It's successful to create an Ip address pool
[PPPoE sever-ip-pool-pool1]network 100.1.1.0 mask 24
//客户端通过拨号获取的网段地址
[PPPoE sever-ip-pool-pool1]gateway-list 100.1.1.1     //配置分配的网关地址

[PPPoE sever-A]local-user huawei password cipher huawei
//创建用户名为 huawei、密码为 huawei 的账号
Info: Add a new user
[PPPoE sever-A]local-user huawei service-type ppp
//设置用户 huawei 的服务类型为 PPP
```

② 配置 VT 接口，用于 PPPoE 认证并分配地址。

```
[PPPoE sever]interface Virtual-Template 1                    //创建 VT 接口
[PPPoE sever-Virtual-Template1]ip address  100.1.1.1 24
//将网关地址配置在 VT 接口
[PPPoE sever-Virtual-Template1]ppp authentication-mode chap
//配置 PPP 的认证类型为 CHAP
[PPPoE sever-Virtual-Template1]remote address pool  pool1
//调用为客户端分配地址的地址池 pool1
```

③ 在以太网接口使能 PPPoE 功能并绑定 VT 接口 1。

```
[PPPoE sever]interface  ge0/0/0
//设置本设备为 PPPoE 的服务端，并且关联 VT 接口 1
[PPPoE sever-GigabitEthernet0/0/0]PPPoE-server bind virtual-template 1
```

④ 配置 AR1 的 PPPoE Client 拨号功能。

```
[Huawei]sysname PPPoE client
[PPPoE client]interface Dialer 0
[PPPoE client-Dialer0]dialer user useAR1 //使能共享 DDC 功能
[PPPoE client-Dialer0]dialer bundle 1     //指定该 Dialer 口的 dialer bundle
[PPPoE client-Dialer0]ppp chap user huawei           //配置服务器端分配的用户名
[PPPoE client-Dialer0]ppp chap password cipher huawei //配置服务器端分配的密码
[PPPoE client-Dialer0]ip address  ppp-negotiate     //使用 PPP 协议获取 IP 地址
```

⑤ 建立 PPPoE 会话。

```
[PPPoE client]interface  g0/0/0
//绑定 Dialer 口的 dialer bundle
[PPPoE client-GigabitEthernet0/0/0]PPPoE-client dial-bundle-number 1
```

⑥ 查看客户端是否通过 PPPoE 获取到 IP 地址，可以看到客户端通过 PPPoE 获取到了 100.1.1.254 的 IP 地址。

```
[PPPoE client]display ip interface brief
*down: administratively down
^down: standby
(l): loopback
(s): spoofing
The number of interface that is UP in Physical is 4
```

```
The number of interface that is DOWN in Physical is 3
The number of interface that is UP in Protocol is 2
The number of interface that is DOWN in Protocol is 5

Interface                 Ip address/Mask      Physical      Protocol
Dialer0                   100.1.1.254/32       up            up(s)
GigabitEthernet0/0/0      unassigned           up            down
GigabitEthernet0/0/1      unassigned           up            down
GigabitEthernet0/0/2      unassigned           down          down
NUL0                      unassigned           up            up(s)
```

⑦ 配置 AR1 的 GE0/0/1 口的 IP 地址。

```
[PPPoE client]interface ge0/0/1
[PPPoE client-GigabitEthernet0/0/1]ip address 10.1.1.2 24
```

⑧ 配置 NAT，让私有网络的 PC 能够访问外部网络。

配置 ACL，定义需要地址转换的流量。

```
[PPPoE client]acl 2000
[PPPoE client-acl-basic-2000]rule permit source any
//匹配需要访问外网的设备流量
```

在接口配置 Easy IP。

```
[PPPoE client]interface Dialer 0
[PPPoE client-Dialer0]nat outbound 2000        //在 Dialer 0 口调用 acl 2000
```

配置默认路由访问外网。

```
[PPPoE client]ip route-static 0.0.0.0 0 Dialer 0
//配置默认路由，下一跳出口为 Dialer 口
[AC6605]ip route-static 0.0.0.0 0 10.0.11.1
```

⑨ 在 ISP 上写环回模拟公网：200.1.1.1/32。

```
STAping200.1.1.1
```

第 15 章

某企业路由高级特性
项目案例

　　OSPF 和 IS-IS 都是基于链路状态的内部网关路由协议，运行这两种协议的路由器通过同步 LSDB，采用 SPF 算法计算最优路由。当网络拓扑发生变化时，OSPF 和 IS-IS 支持多种快速收敛和保护机制，能够降低网络故障导致的流量丢失。为了实现对路由表规模的控制，OSPF 和 IS-IS 支持路由选路及路由信息的控制，能够减少特定路由器路由表的大小。

扫一扫，看视频

1. 项目拓扑

某企业路由高级特性项目拓扑如图 15-1 所示。

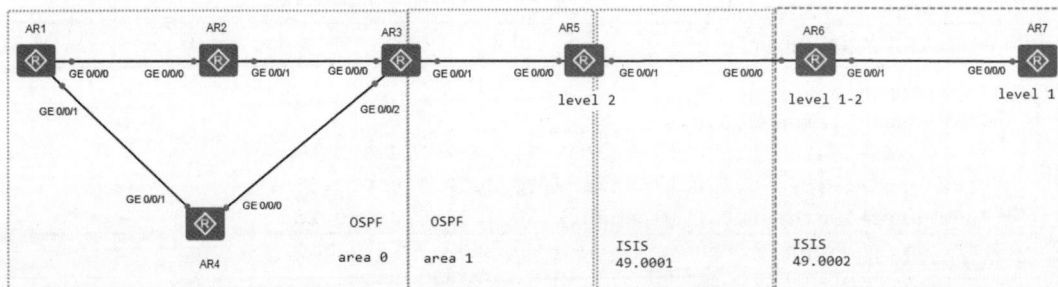

图 15-1　某企业路由高级特性项目拓扑

2. 项目需求

某企业网络使用 OSPF 和 ISIS 作为 IGP 协议，实现内部网络的互联互通。现要求实现如下需求。

（1）AR1—AR5 运行在 OSPF，区域如图所示，AR5—AR7 运行 ISIS，区域号如图所示，所有设备为 level 类型如图所示。

（2）要求将 OSPF 的路由和 ISIS 的路由能够实现互通，并且不同协议之间，只传递环回口路由。OSPF 不同区域只传递环回口路由，ISIS 的 level 1 区域也能够学习环回口的明细路由。

（3）为了保证 OSPF 的 area 0 的快速发现故障，在 area 0 中设备开启 bfd。

（4）将 AR1 访问 AR3 的主链路设置为 AR1—AR2—AR3。由于 AR1 有冗余链路，为了保证链路故障，快速切换，开启 FRR，实现快速切换。

（5）全网运行 BGP，使用对等体组进行配置，将 AR3 作为路由反射器，并且配置 BGP 的认证。

3. 实验步骤

（1）设备重命名以及配置 IP 地址。

配置 AR1。

```
[AR1]interface GigabitEthernet0/0/0
[AR1-GigabitEthernet0/0/0]ip address 10.0.12.1 255.255.255.0
[AR1]interface GigabitEthernet0/0/1
[AR1-GigabitEthernet0/0/1]ip address 10.0.14.1 255.255.255.0
[AR1]interface LoopBack0
[AR1-LoopBack-0]ip address 1.1.1.1 255.255.255.255
```

其他设备同理，不再赘述。

（2）配置 OSPF 区域网络的互联互通。

① 配置 AR1 的 OSPF。

```
[AR1]ospf 1
```

```
[AR1-ospf-1]area 0.0.0.0
[AR1-ospf-1-area-0.0.0.0]network 1.1.1.1 0.0.0.0
[AR1-ospf-1-area-0.0.0.0]network 10.0.12.0 0.0.0.255
[AR1-ospf-1-area-0.0.0.0]network 10.0.14.0 0.0.0.255
```

② 配置 AR2 的 OSPF。

```
[AR2]ospf 1
[AR2-ospf-1]area 0.0.0.0
[AR2-ospf-1-area-0.0.0.0]network 2.2.2.2 0.0.0.0
[AR2-ospf-1-area-0.0.0.0]network 10.0.12.0 0.0.0.255
[AR2-ospf-1-area-0.0.0.0]network 10.0.23.0 0.0.0.255
```

③ 配置 AR3 的 OSPF。

```
[AR3]ospf 1
[AR3-ospf-1]area 0.0.0.0
[AR3-ospf-1-area-0.0.0.0]network 3.3.3.3 0.0.0.0
[AR3-ospf-1-area-0.0.0.0]network 10.0.23.0 0.0.0.255
[AR3-ospf-1-area-0.0.0.0]network 10.0.34.0 0.0.0.255
[AR3-ospf-1]area 0.0.0.1
[AR3-ospf-1-area-0.0.0.1]network 10.0.35.0 0.0.0.255
```

④ 配置 AR4 的 OSPF。

```
[AR4]ospf 1
[AR4-ospf-1]area 0.0.0.0
[AR4-ospf-1-area-0.0.0.0]network 4.4.4.4 0.0.0.0
[AR4-ospf-1-area-0.0.0.0]network 10.0.14.0 0.0.0.255
[AR4-ospf-1-area-0.0.0.0]network 10.0.34.0 0.0.0.255
```

⑤ 配置 AR5 的 OSPF。

```
[AR5]ospf 1
[AR5-ospf-1]area 0.0.0.1
[AR5-ospf-1-area-0.0.0.1]network 5.5.5.5 0.0.0.0
[AR5-ospf-1-area-0.0.0.1]network 10.0.35.0 0.0.0.255
```

查看 AR5 路由表，可知 OSPF 运行成功，学习到相关路由。

```
[AR5-ospf-1]display ip routing-table
Route Flags: R - relay, D - download to fib
------------------------------------------------------------------
Routing Tables: Public
         Destinations : 19      Routes : 19

Destination/Mask    Proto   Pre  Cost   Flags NextHop     Interface

        1.1.1.1/32    OSPF    10   3       D   10.0.35.3   GigabitEthernet
0/0/0
        2.2.2.2/32    OSPF    10   2       D   10.0.35.3   GigabitEthernet
0/0/0
        3.3.3.3/32    OSPF    10   1       D   10.0.35.3   GigabitEthernet
0/0/0
```

```
       4.4.4.4/32       OSPF    10   2       D   10.0.35.3    GigabitEthernet
0/0/0
       5.5.5.5/32       Direct  0    0       D   127.0.0.1    LoopBack0
      10.0.12.0/24      OSPF    10   3       D   10.0.35.3    GigabitEthernet
0/0/0
      10.0.14.0/24      OSPF    10   3       D   10.0.35.3    GigabitEthernet
0/0/0
      10.0.23.0/24      OSPF    10   2       D   10.0.35.3    GigabitEthernet
0/0/0
      10.0.34.0/24      OSPF    10   2       D   10.0.35.3    GigabitEthernet
0/0/0
      10.0.35.0/24      Direct  0    0       D   10.0.35.5    GigabitEthernet
0/0/0
      10.0.35.5/32      Direct  0    0       D   127.0.0.1    GigabitEthernet
0/0/0
     10.0.35.255/32     Direct  0    0       D   127.0.0.1    GigabitEthernet
0/0/0
      10.0.56.0/24      Direct  0    0       D   10.0.56.5    GigabitEthernet
0/0/1
      10.0.56.5/32      Direct  0    0       D   127.0.0.1    GigabitEthernet
0/0/1
     10.0.56.255/32     Direct  0    0       D   127.0.0.1    GigabitEthernet
0/0/1
     127.0.0.0/8        Direct  0    0       D   127.0.0.1    InLoopBack0
     127.0.0.1/32       Direct  0    0       D   127.0.0.1    InLoopBack0
127.255.255.255/32      Direct  0    0       D   127.0.0.1    InLoopBack0
255.255.255.255/32      Direct  0    0       D   127.0.0.1    InLoopBack0
```

（3）配置路由策略，过滤非环回路由。

在 AR3 上做配置，查看 AR5 的路由表，可以看到过滤路由成功。

```
//匹配所有路由中子网掩码为 32 位的
[AR3]ip ip-prefix host permit 0.0.0.0 0 greater-equal 32 less-equal 32
[AR3-ospf-1-area-0.0.0.0]filter ip-prefix host export
```

查看 OSPF 路由表，可知过滤成功。

```
<AR5>dis ip routing-table protocol ospf
Route Flags: R - relay, D - download to fib
------------------------------------------------------------------------
Public routing table : OSPF
        Destinations : 4      Routes : 4

OSPF routing table status : <Active>
        Destinations : 4      Routes : 4

Destination/Mask    Proto   Pre  Cost      Flags NextHop    Interface

        1.1.1.1/32  OSPF    10   3         D   10.0.35.3    GigabitEthernet
```

```
0/0/0
      2.2.2.2/32  OSPF  10  2          D  10.0.35.3  GigabitEthernet
0/0/0
      3.3.3.3/32  OSPF  10  1          D  10.0.35.3  GigabitEthernet
0/0/0
      4.4.4.4/32  OSPF  10  2          D  10.0.35.3  GigabitEthernet
0/0/0

OSPF routing table status : <Inactive>
        Destinations : 0      Routes : 0
```

在 AR3 上做配置，查看 AR1 的路由表，可以看到过滤路由成功。

```
[AR3-ospf-1-area-0.0.0.0]filter ip-prefix host import
<AR1>dis ip routing-table protocol ospf
Route Flags: R - relay, D - download to fib
------------------------------------------------------------------------
Public routing table : OSPF
        Destinations : 6      Routes : 8

OSPF routing table status : <Active>
        Destinations : 6      Routes : 8

Destination/Mask   Proto   Pre  Cost   Flags NextHop    Interface

      2.2.2.2/32     OSPF   10   1           D  10.0.12.2  GigabitEthernet
0/0/0
      3.3.3.3/32     OSPF   10   2           D  10.0.12.2  GigabitEthernet
0/0/0
                     OSPF   10   2           D  10.0.14.4  GigabitEthernet
0/0/1
      4.4.4.4/32     OSPF   10   1           D  10.0.14.4  GigabitEthernet
0/0/1
      5.5.5.5/32     OSPF   10   3           D  10.0.12.2  GigabitEthernet
0/0/0
                     OSPF   10   3           D  10.0.14.4  GigabitEthernet
0/0/1
      10.0.23.0/24   OSPF   10   2           D  10.0.12.2  GigabitEthernet
0/0/0
      10.0.34.0/24   OSPF   10   2           D  10.0.14.4  GigabitEthernet
```

（4）运行 ISIS。

配置 AR5 的 ISIS。

```
[AR5]isis 1
[AR5-isis-1]is-level level-2
[AR5-isis-1]cost-style wide
[AR5-isis-1]network-entity 49.0001.0000.0000.0005.00
[AR5-GigabitEthernet0/0/1]isis enable
```

```
[AR6]isis 1
[AR6-isis-1]cost-style wide
[AR6-isis-1]network-entity 49.0002.0000.0006.00
```

配置 AR6 的 ISIS。

```
[AR6]isis 1
[AR6-isis-1]cost-style wide
[AR6-isis-1]network-entity 49.0002.0000.0006.00
[AR6-GigabitEthernet0/0/0]isis enable
[AR6-GigabitEthernet0/0/1]isis enable
[AR6-LoopBack0]isis enable
```

配置 AR7 的 ISIS。

```
[AR7]isis 1
[AR7-isis-1]is-level level-1
[AR7-isis-1]cost-style wide
[AR7-isis-1]network-entity 49.0002.0000.0000.0007.00
```

查看 AR7 的路由表。

```
[AR7]display ip routing-table
Route Flags: R - relay, D - download to fib
------------------------------------------------------------------------------
Routing Tables: Public
         Destinations : 11      Routes : 11

Destination/Mask    Proto   Pre  Cost     Flags NextHop    Interface

        0.0.0.0/0    ISIS-L1 15   10       D    10.0.67.6  GigabitEthernet
0/0/0
        6.6.6.6/32   ISIS-L1 15   10       D    10.0.67.6  GigabitEthernet
0/0/0
        7.7.7.7/32   Direct  0    0        D    127.0.0.1  LoopBack0
     10.0.56.0/24    ISIS-L1 15   20       D    10.0.67.6  GigabitEthernet
0/0/0
     10.0.67.0/24    Direct  0    0        D    10.0.67.7  GigabitEthernet
0/0/0
     10.0.67.7/32    Direct  0    0        D    127.0.0.1  GigabitEthernet
0/0/0
   10.0.67.255/32    Direct  0    0        D    127.0.0.1  GigabitEthernet
0/0/0
      127.0.0.0/8    Direct  0    0        D    127.0.0.1  InLoopBack0
      127.0.0.1/32   Direct  0    0        D    127.0.0.1  InLoopBack0
127.255.255.255/32   Direct  0    0        D    127.0.0.1  InLoopBack0
255.255.255.255/32   Direct  0    0        D    127.0.0.1  InLoopBack0
```

在 AR5 上设置路由引入。

```
[AR5]ospf
[AR5-ospf-1]import-route isis
```

```
[AR5-ospf-1]quit
[AR5]isis
[AR5-isis-1]import-route ospf
[AR5-isis-1]
```

查看 AR1 路由表。

```
<AR1>dis ip routing-table
Route Flags: R - relay, D - download to fib
------------------------------------------------------------------------
Routing Tables: Public
        Destinations : 21      Routes : 27

Destination/Mask    Proto   Pre  Cost      Flags NextHop     Interface

      1.1.1.1/32    Direct  0    0         D     127.0.0.1   LoopBack0
      2.2.2.2/32    OSPF    10   1         D     10.0.12.2   GigabitEthernet
0/0/0
      3.3.3.3/32    OSPF    10   2         D     10.0.12.2   GigabitEthernet
0/0/0
                    OSPF    10   2         D     10.0.14.4   GigabitEthernet
0/0/1
      4.4.4.4/32    OSPF    10   1         D     10.0.14.4   GigabitEthernet
0/0/1
      5.5.5.5/32    OSPF    10   3         D     10.0.12.2   GigabitEthernet
0/0/0
                    OSPF    10   3         D     10.0.14.4   GigabitEthernet
0/0/1
      6.6.6.6/32    O_ASE   150  1         D     10.0.12.2   GigabitEthernet
0/0/0
                    O_ASE   150  1         D     10.0.14.4   GigabitEthernet
0/0/1
      7.7.7.7/32    O_ASE   150  1         D     10.0.12.2   GigabitEthernet
0/0/0
                    O_ASE   150  1         D     10.0.14.4   GigabitEthernet
0/0/1
     10.0.12.0/24   Direct  0    0         D     10.0.12.1   GigabitEthernet
0/0/0
     10.0.12.1/32   Direct  0    0         D     127.0.0.1   GigabitEthernet
0/0/0
     10.0.12.255/32 Direct  0    0         D     127.0.0.1   GigabitEthernet
0/0/0
     10.0.14.0/24   Direct  0    0         D     10.0.14.1   GigabitEthernet
0/0/1
     10.0.14.1/32   Direct  0    0         D     127.0.0.1   GigabitEthernet
0/0/1
     10.0.14.255/32 Direct  0    0         D     127.0.0.1   GigabitEthernet
0/0/1
```

Destination/Mask	Proto	Pre	Cost	Flags	NextHop	Interface
10.0.23.0/24	OSPF	10	2	D	10.0.12.2	GigabitEthernet 0/0/0
10.0.34.0/24	OSPF	10	2	D	10.0.14.4	GigabitEthernet 0/0/1
10.0.56.0/24	O_ASE	150	1	D	10.0.12.2	GigabitEthernet 0/0/0
	O_ASE	150	1	D	10.0.14.4	GigabitEthernet 0/0/1
10.0.67.0/24	O_ASE	150	1	D	10.0.12.2	GigabitEthernet 0/0/0
	O_ASE	150	1	D	10.0.14.4	GigabitEthernet 0/0/1
127.0.0.0/8	Direct	0	0	D	127.0.0.1	InLoopBack0
127.0.0.1/32	Direct	0	0	D	127.0.0.1	InLoopBack0
127.255.255.255/32	Direct	0	0	D	127.0.0.1	InLoopBack0
255.255.255.255/32	Direct	0	0	D	127.0.0.1	InLoopBack0

（5）配置路由策略，过滤对应路由。

配置 AR5 的路由策略。

```
[AR5]route-policy host permit node 10
[AR5-route-policy]if-match ip-prefix host
```

调用路由策略。

```
[AR5]isis
[AR5-isis-1]import-route ospf route-policy host
[AR5-isis-1]quit
[AR5]ospf
[AR5-ospf-1]import-route isis route-policy host
```

再次查看 AR1 路由表，可知过滤成功。

```
<AR1>dis ip routing-table
Route Flags: R - relay, D - download to fib
------------------------------------------------------------------------
Routing Tables: Public
        Destinations : 19      Routes : 23
```

Destination/Mask	Proto	Pre	Cost	Flags	NextHop	Interface
1.1.1.1/32	Direct	0	0	D	127.0.0.1	LoopBack0
2.2.2.2/32	OSPF	10	1	D	10.0.12.2	GigabitEthernet 0/0/0
3.3.3.3/32	OSPF	10	2	D	10.0.12.2	GigabitEthernet 0/0/0
	OSPF	10	2	D	10.0.14.4	GigabitEthernet 0/0/1
4.4.4.4/32	OSPF	10	1	D	10.0.14.4	GigabitEthernet 0/0/1
5.5.5.5/32	OSPF	10	3	D	10.0.12.2	GigabitEthernet

```
                                            0/0/0
                           OSPF    10   3        D   10.0.14.4     GigabitEthernet
0/0/1
           6.6.6.6/32      O_ASE   150  1        D   10.0.12.2     GigabitEthernet
0/0/0
                           O_ASE   150  1        D   10.0.14.4     GigabitEthernet
0/0/1
           7.7.7.7/32      O_ASE   150  1        D   10.0.12.2     GigabitEthernet
0/0/0
                           O_ASE   150  1        D   10.0.14.4     GigabitEthernet
0/0/1
         10.0.12.0/24      Direct  0    0        D   10.0.12.1     GigabitEthernet
0/0/0
         10.0.12.1/32      Direct  0    0        D   127.0.0.1     GigabitEthernet
0/0/0
       10.0.12.255/32      Direct  0    0        D   127.0.0.1     GigabitEthernet
0/0/0
         10.0.14.0/24      Direct  0    0        D   10.0.14.1     GigabitEthernet
0/0/1
         10.0.14.1/32      Direct  0    0        D   127.0.0.1     GigabitEthernet
0/0/1
       10.0.14.255/32      Direct  0    0        D   127.0.0.1     GigabitEthernet
0/0/1
         10.0.23.0/24      OSPF    10   2        D   10.0.12.2     GigabitEthernet
0/0/0
         10.0.34.0/24      OSPF    10   2        D   10.0.14.4     GigabitEthernet
0/0/1
          127.0.0.0/8      Direct  0    0        D   127.0.0.1     InLoopBack0
          127.0.0.1/32     Direct  0    0        D   127.0.0.1     InLoopBack0
    127.255.255.255/32     Direct  0    0        D   127.0.0.1     InLoopBack0
    255.255.255.255/32     Direct  0    0        D   127.0.0.1     InLoopBack0
```

进行路由渗透，使得 level 1 区域也能够学习环回口的明细路由。

```
[AR6-isis-1]import-route isis level-2 into level-1
```

查看路由表。

```
<AR7>dis ip routing-table
Route Flags: R - relay, D - download to fib
------------------------------------------------------------------------
Routing Tables: Public
        Destinations : 16        Routes : 16

Destination/Mask      Proto    Pre  Cost     Flags NextHop     Interface

        0.0.0.0/0     ISIS-L1  15   10       D   10.0.67.6     GigabitEthernet
0/0/0
        1.1.1.1/32    ISIS-L1  15   20       D   10.0.67.6     GigabitEthernet
```

```
0/0/0
        2.2.2.2/32      ISIS-L1 15  20          D   10.0.67.6    GigabitEthernet
0/0/0
        3.3.3.3/32      ISIS-L1 15  20          D   10.0.67.6    GigabitEthernet
0/0/0
        4.4.4.4/32      ISIS-L1 15  20          D   10.0.67.6    GigabitEthernet
0/0/0
        5.5.5.5/32      ISIS-L1 15  20          D   10.0.67.6    GigabitEthernet
0/0/0
        6.6.6.6/32      ISIS-L1 15  10          D   10.0.67.6    GigabitEthernet
0/0/0
        7.7.7.7/32      Direct  0   0           D   127.0.0.1    LoopBack0
      10.0.56.0/24      ISIS-L1 15  20          D   10.0.67.6    GigabitEthernet
0/0/0
      10.0.67.0/24      Direct  0   0           D   10.0.67.7    GigabitEthernet
0/0/0
      10.0.67.7/32      Direct  0   0           D   127.0.0.1    GigabitEthernet
0/0/0
     10.0.67.255/32     Direct  0   0           D   127.0.0.1    GigabitEthernet
0/0/0
      127.0.0.0/8       Direct  0   0           D   127.0.0.1    InLoopBack0
      127.0.0.1/32      Direct  0   0           D   127.0.0.1    InLoopBack0
  127.255.255.255/32    Direct  0   0           D   127.0.0.1    InLoopBack0
  255.255.255.255/32    Direct  0   0           D   127.0.0.1    InLoopBack0
```

（6）开启 BFD。

```
[AR1]bfd
[AR1-bfd]quit
[AR1]ospf
[AR1-ospf-1]bfd all-interfaces enable
```

AR2、AR3、AR4 同理，不再赘述。

查看 BFD 会话建立情况，可知建立成功。

```
[AR1]display bfd session all
--------------------------------------------------------------------------------
Local Remote    PeerIpAddr      State   Type      InterfaceName
--------------------------------------------------------------------------------

8192  8192      10.0.12.2       Up      D_IP_IF   GigabitEthernet0/0/0
8193  8193      10.0.14.4       Up      D_IP_IF   GigabitEthernet0/0/1
--------------------------------------------------------------------------------
      Total UP/DOWN Session Number : 2/0
```

（7）将 AR1 访问 AR3 的主链路设置为 AR1—AR2—AR3，并开启 FRR（Fast Reroute，快速重路由）。

① 修改开销，将 AR1 访问 AR3 的主链路设置为 AR1—AR2—AR3。

```
[AR1-GigabitEthernet0/0/1]ospf cost 100
```

```
Route Flags: R - relay, D - download to fib
----------------------------------------------------------------------
Public routing table : OSPF
        Destinations : 8       Routes : 8

OSPF routing table status : <Active>
        Destinations : 8       Routes : 8

Destination/Mask     Proto    Pre  Cost    Flags NextHop    Interface

       2.2.2.2/32    OSPF     10   1          D  10.0.12.2  GigabitEthernet
0/0/0
       3.3.3.3/32    OSPF     10   2          D  10.0.12.2  GigabitEthernet
0/0/0
       4.4.4.4/32    OSPF     10   3          D  10.0.12.2  GigabitEthernet
0/0/0
       5.5.5.5/32    OSPF     10   3          D  10.0.12.2  GigabitEthernet
0/0/0
       6.6.6.6/32    O_ASE    150  1          D  10.0.12.2  GigabitEthernet
0/0/0
       7.7.7.7/32    O_ASE    150  1          D  10.0.12.2  GigabitEthernet
0/0/0
     10.0.23.0/24    OSPF     10   2          D  10.0.12.2  GigabitEthernet
0/0/0
     10.0.34.0/24    OSPF     10   3          D  10.0.12.2  GigabitEthernet
0/0/0

OSPF routing table status : <Inactive>
        Destinations : 0       Routes : 0
```

由路由表可知，去往 3.3.3.3 只有一条路由。

② 开启 FRR。

```
[AR1]ospf
[AR1-ospf-1]frr
[AR1-ospf-1-frr]l
[AR1-ospf-1-frr]loop-free-alternate
```

查看去往 3.3.3.3 的明细路由，主链路和备份链路计算完成。

```
[AR1]display ospf routing 3.3.3.3

 OSPF Process 1 with Router ID 10.0.12.1

 Destination : 3.3.3.3/32
 AdverRouter : 10.0.23.3          Area      : 0.0.0.0
 Cost        : 2                  Type      : Stub
 NextHop     : 10.0.12.2          Interface : GigabitEthernet0/0/0
 Priority    : Medium             Age       : 00h01m15s
```

```
Backup Nexthop : 10.0.14.4        Backup Interface: GigabitEthernet0/0/1
Backup Type : LFA LINK-NODE
[AR1]
```

（8）运行 BGP，将 AR3 设置为路由反射器，并配置 BGP 认证。

① 配置路由反射器。

a. 配置 AR3。

```
[AR3]bgp 100
[AR3-bgp]group huawei internal
[AR3-bgp]peer 1.1.1.1 group huawei
[AR3-bgp]peer 2.2.2.2 group huawei
[AR3-bgp]peer 4.4.4.4 group huawei
[AR3-bgp]peer 5.5.5.5 group huawei
[AR3-bgp]peer 6.6.6.6 group huawei
[AR3-bgp]peer 7.7.7.7 group huawei
```

b. 配置 AR3 反射器。

```
[AR3]bgp 100
[AR3-bgp]peer huawei connect-interface LoopBack 0     //一条相当于七条
[AR3-bgp]peer huawei reflect-client
[AR3-bgp]display this
```

c. 配置 AR1。

```
[AR1]bgp 100
[AR1-bgp]peer 3.3.3.3 as-number 100
[AR1-bgp]peer 3.3.3.3 connect-interface LoopBack 0
```

AR2、AR3、AR4、AR5、AR6、AR7 同理，不再赘述。

② 认证配置。

```
[AR3-bgp]peer huawei password cipher huawei123
[AR1-bgp]peer 3.3.3.3 password cipher huawei123          //其他设备配置相同
```

第 16 章

某企业以太网高级交换项目案例

VLAN 聚合 (VLAN Aggregation, 也称 Super-VLAN)：指在一个物理网络内，用多个 VLAN (称为 Sub-VLAN) 隔离广播域，并将这些 Sub-VLAN 聚合成一个逻辑的 VLAN (称为 Super-VLAN)，这些 Sub-VLAN 使用同一个 IP 子网和缺省网关，进而达到节约 IP 地址资源的目的。

MUX VLAN 分为 Principal VLAN (主 VLAN) 和 Subordinate VLAN (从 VLAN), Subordinate VLAN 又分为 Separate VLAN (隔离型从 VLAN) 和 Group VLAN (互通型从 VLAN)。

扫一扫，看视频

1. 项目拓扑

某企业以太网高级交换项目拓扑如图 16-1 所示。

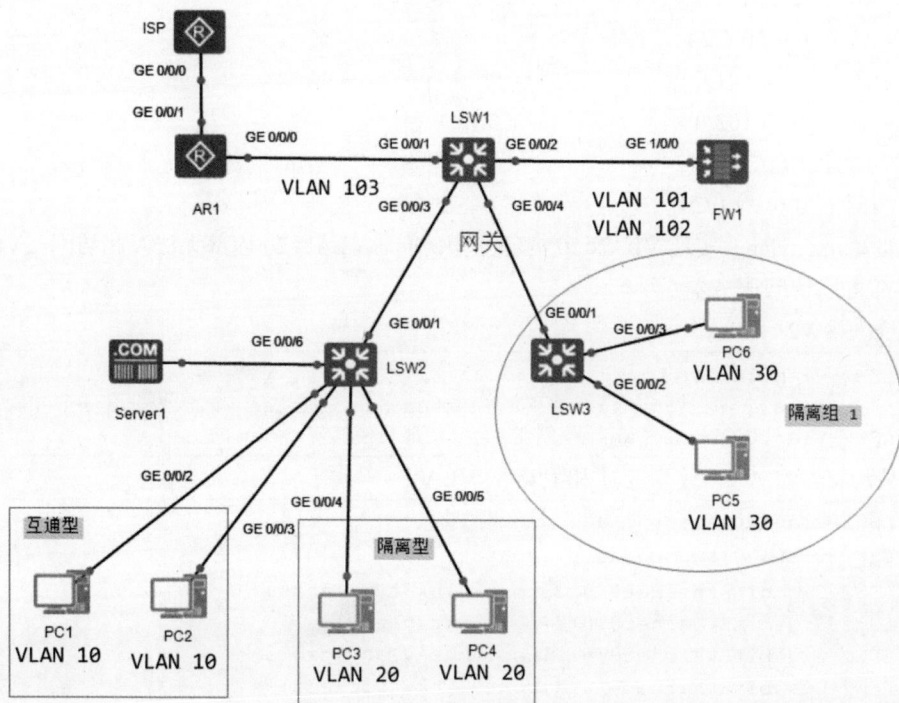

图 16-1　某企业以太网高级交换项目拓扑

2. 项目需求

某企业网络组网如下：VLAN 10 属于办公网络，VLAN 20 为外来人员访客网络，VLAN 30 属于云桌面网络；此外，还包括公共服务器，主 VLAN 不用体现。现需要实现以下需求。

（1）VLAN 10、VLAN 20 和 VLAN 100 属于相同网段，需要在 LSW2 上部署 mux-vlan，实现办公网络之间互访网络，访客网络无法实现二层互访，VLAN 10 和 VLAN 20 都可以访问公共服务器，公共服务器属于 VLAN 100。

（2）VLAN 30 中的 PC5 和 PC6 无法实现二层互访，使用端口对其进行隔离。

（3）DHCP 服务器部署在 FW1 上，使用 DHCP 中继方式给终端分配 IP 地址。Server1 有固定的 IP 地址。

（4）VLAN 10 和 VLAN 20 与 VLAN 30 需要在网关设备上实现三层隔离，如果有互访需求，流量一定要经过防火墙设备，以保证互访流量的安全性。

（5）VLAN 10 和 VLAN 20 的设备可以访问公网，但是 VLAN 30 无法访问公网。

3. 实验步骤

（1）设备重命名以及配置 IP 地址。

注意：PC 可事先配置静态 IP 地址，方便测试，后期使用 DHCP。

IP 网段规划如下。

VLAN 10、VLAN 20、VLAN 100：10.0.100.0/24。

VLAN 30：10.0.30.0/24。

VLAN 101：10.0.101.0/24。

VLAN 102：10.0.102.0/24。

VLAN 103：10.0.103.0/24。

AR1 – ISP：100.1.1.0/24。

（2）部署 mux-vlan，实现 VLAN 10 内部互相访问，VLAN 20 内部无法互相访问，VLAN 10、VLAN 20 都可以访问服务器。

① 配置 LSW2。

```
[LSW2]vlan batch 10 20 100
Info: This operation may take a few seconds. Please wait for a moment...done.
[LSW2-vlan100]mux-vlan    //创建 VLAN 使能，使其变成 mux 的主 VLAN
```

② 配置其他 VLAN，成为互通和隔离型 VLAN。

```
[LSW2-vlan100]subordinate group 10          //互通
[LSW2-vlan100]subordinate separate 20       //隔离
[LSW2-GigabitEthernet0/0/2]port link-type access
[LSW2-GigabitEthernet0/0/2]port default vlan 10
[LSW2-GigabitEthernet0/0/2]port mux-vlan enable
[LSW2-GigabitEthernet0/0/3]port link-type access
[LSW2-GigabitEthernet0/0/3]port default vlan 10
[LSW2-GigabitEthernet0/0/3]port mux-vlan enable
[LSW2-GigabitEthernet0/0/4]port link-type access
[LSW2-GigabitEthernet0/0/4]port default vlan 20
[LSW2-GigabitEthernet0/0/4]port mux-vlan enable
[LSW2-GigabitEthernet0/0/5]port link-type access
[LSW2-GigabitEthernet0/0/5]port default vlan 20
[LSW2-GigabitEthernet0/0/5]port mux-vlan enable
[LSW2-GigabitEthernet0/0/6]port link-type access
[LSW2-GigabitEthernet0/0/6]port default vlan 100
[LSW2-GigabitEthernet0/0/6]port mux-vlan enable
```

③ 测试。

a. PC1 ping PC2。

```
PC>ping 10.0.100.2

Ping 10.0.100.2: 32 data bytes, Press Ctrl_C to break
From 10.0.100.2: bytes=32 seq=1 ttl=128 time=47 ms
From 10.0.100.2: bytes=32 seq=2 ttl=128 time=31 ms
From 10.0.100.2: bytes=32 seq=3 ttl=128 time=32 ms
From 10.0.100.2: bytes=32 seq=4 ttl=128 time=31 ms
From 10.0.100.2: bytes=32 seq=5 ttl=128 time=31 ms
```

```
--- 10.0.100.2 ping statistics ---
  5 packet(s) transmitted
  5 packet(s) received
  0.00% packet loss
  round-trip min/avg/max = 31/34/47 ms
```

b. PC1 ping 服务器。

```
PC>ping 10.0.100.100

Ping 10.0.100.100: 32 data bytes, Press Ctrl_C to break
From 10.0.100.100: bytes=32 seq=1 ttl=255 time=15 ms
From 10.0.100.100: bytes=32 seq=2 ttl=255 time=16 ms
From 10.0.100.100: bytes=32 seq=3 ttl=255 time=16 ms
From 10.0.100.100: bytes=32 seq=4 ttl=255 time=15 ms
From 10.0.100.100: bytes=32 seq=5 ttl=255 time<1 ms

--- 10.0.100.100 ping statistics ---
  5 packet(s) transmitted
  5 packet(s) received
  0.00% packet loss
  round-trip min/avg/max = 0/12/16 ms
```

c. PC1 ping PC3，不通，互通和隔离型的 VLAN 无法互相访问。

```
PC>ping 10.0.100.3

Ping 10.0.100.3: 32 data bytes, Press Ctrl_C to break
From 10.0.100.1: Destination host unreachable
From 10.0.100.1: Destination host unreachable
From 10.0.100.1: Destination host unreachable
From 10.0.100.1: Destination host unreachable
From 10.0.100.1: Destination host unreachable

--- 10.0.100.3 ping statistics ---
  5 packet(s) transmitted
  0 packet(s) received
  100.00% packet loss
```

d. PC3 ping 服务器和 PC4。

```
PC>ping 10.0.100.4

Ping 10.0.100.4: 32 data bytes, Press Ctrl_C to break
From 10.0.100.3: Destination host unreachable
From 10.0.100.3: Destination host unreachable
From 10.0.100.3: Destination host unreachable
From 10.0.100.3: Destination host unreachable
From 10.0.100.3: Destination host unreachable
```

```
--- 10.0.100.4 ping statistics ---
  5 packet(s) transmitted
  0 packet(s) received
  100.00% packet loss

PC>ping 10.0.100.100

Ping 10.0.100.100: 32 data bytes, Press Ctrl_C to break
From 10.0.100.100: bytes=32 seq=1 ttl=255 time=16 ms
From 10.0.100.100: bytes=32 seq=2 ttl=255 time=16 ms
From 10.0.100.100: bytes=32 seq=3 ttl=255 time=31 ms
From 10.0.100.100: bytes=32 seq=4 ttl=255 time=15 ms
From 10.0.100.100: bytes=32 seq=5 ttl=255 time<1 ms

--- 10.0.100.100 ping statistics ---
  5 packet(s) transmitted
  5 packet(s) received
  0.00% packet loss
  round-trip min/avg/max = 0/15/31 ms

PC>
```

（3）配置端口隔离，实现 PC5 和 PC6 无法互访。

① 配置 LSW1 的端口隔离。

```
[LSW1]vlan batch 10 20 30 100
Info: This operation may take a few seconds. Please wait for a moment...done
[LSW1-vlanif100]ip address 10.0.100.254 24
[LSW1-vlanif100]interface g0/0/3
[LSW1-GigabitEthernet0/0/3]port link-type access
[LSW1-GigabitEthernet0/0/3]port default vlan 100  //使用主 VLAN 通信
```

② 配置 LSW2 的端口隔离。

```
[LSW2-GigabitEthernet0/0/1]port link-type access
[LSW2-GigabitEthernet0/0/1]port default vlan 100
[LSW2-GigabitEthernet0/0/1]port mux-vlan enable
```

测试 VLAN 10、VLAN 20、VLAN 100 与 LSW1 的网络联通性。

```
PC1pingLSW1
PC>ping 10.0.100.254

Ping 10.0.100.254: 32 data bytes, Press Ctrl_C to break
From 10.0.100.254: bytes=32 seq=1 ttl=255 time=63 ms
From 10.0.100.254: bytes=32 seq=2 ttl=255 time=31 ms
From 10.0.100.254: bytes=32 seq=3 ttl=255 time=47 ms
From 10.0.100.254: bytes=32 seq=4 ttl=255 time=47 ms
From 10.0.100.254: bytes=32 seq=5 ttl=255 time=31 ms
```

```
--- 10.0.100.254 ping statistics ---
  5 packet(s) transmitted
  5 packet(s) received
  0.00% packet loss
  round-trip min/avg/max = 31/43/63 ms
```

配置云桌面。

```
[LSW3-GigabitEthernet0/0/2]port link-type access
[LSW3-GigabitEthernet0/0/2]port default vlan 30
[LSW3-GigabitEthernet0/0/3]port link-type access
[LSW3-GigabitEthernet0/0/3]port default vlan 30
```

配置端口隔离。

```
[LSW3-GigabitEthernet0/0/2]port-isolate enable group 1
[LSW3-GigabitEthernet0/0/2]interface g0/0/3
[LSW3-GigabitEthernet0/0/3]port-isolate enable group 1

[LSW3]display port-isolate group 1
  The ports in isolate group 1:
GigabitEthernet0/0/2     GigabitEthernet0/0/3
```

配置 VLAN 30 的网关。

```
[LSW1-GigabitEthernet0/0/4]port link-type trunk
[LSW1-GigabitEthernet0/0/4]port trunk allow-pass vlan 30
[LSW1-GigabitEthernet0/0/4]quit
[LSW1]interface vlanif 30
[LSW1-vlanif30]ip address 10.0.30.254 24
[LSW3-GigabitEthernet0/0/1]port link-type trunk
[LSW3-GigabitEthernet0/0/1]port trunk allow-pass vlan 30
```

测试：PC5 ping 网关。

```
PC>ping 10.0.30.254

Ping 10.0.30.254: 32 data bytes, Press Ctrl_C to break
From 10.0.30.254: bytes=32 seq=1 ttl=255 time=47 ms
From 10.0.30.254: bytes=32 seq=2 ttl=255 time=31 ms
From 10.0.30.254: bytes=32 seq=3 ttl=255 time=31 ms
From 10.0.30.254: bytes=32 seq=4 ttl=255 time=31 ms
From 10.0.30.254: bytes=32 seq=5 ttl=255 time=32 ms

--- 10.0.30.254 ping statistics ---
  5 packet(s) transmitted
  5 packet(s) received
  0.00% packet loss
  round-trip min/avg/max = 31/34/47 ms

PC>
```

（4）配置 VPN 实例，实现三层隔离，并实现互访通过防火墙。

① 创建实例 A、实例 B 并与对应 VLAN 绑定。

```
[LSW1]ip vpn-instance A
[LSW1-vpn-instance-A]route-distinguisher 100:1
[LSW1]ip vpn-instance B
[LSW1-vpn-instance-B]route-distinguisher 100:2
[LSW1-vlanif100]ip binding vpn-instance A
[LSW1-vlanif100]ip address 10.0.100.254 255.255.255.0
[LSW1-vlanif30]ip binding vpn-instance B
[LSW1-vlanif30]ip address 10.0.30.254 255.255.255.0
```

测试：PC5 访问 PC1，可知实现隔离。

```
PC>ping 10.0.100.1

Ping 10.0.100.1: 32 data bytes, Press Ctrl_C to break
Request timeout!
Request timeout!
Request timeout!
Request timeout!
Request timeout!

--- 10.0.100.1 ping statistics ---
  5 packet(s) transmitted
  0 packet(s) received
  100.00% packet loss

PC>
```

② 配置静态路由，实现互访经过防火墙，实行流量监控。

配置 LSW1。

```
[LSW1]vlan batch  101 102  //创建互联路由
Info: This operation may take a few seconds. Please wait for a moment...done
[LSW1]interface vlanif 101
[LSW1-vlanif101]ip binding vpn-instance A
Info: AL IPv4 related configurations on this interface are removed!
Info: AL IPv6 related configurations on this interface are removed!
[LSW1-vlanif101]ip address 10.0.101.1 24
[LSW1-vlanif101]quit
[LSW1]interface vlanif 102
[LSW1-vlanif102]ip binding vpn-instance B
Info: AL IPv4 related configurations on this interface are removed!
Info: AL IPv6 related configurations on this interface are removed!
[LSW1-vlanif102]ip address 10.0.102.1 24
[LSW1-GigabitEthernet0/0/2]port link-type trunk
[LSW1-GigabitEthernet0/0/2]port trunk allow-pass vlan 101 102
//放行 VLAN 101 和 VLAN 102 流量
```

配置 FW1。

```
[fw1]v b 101 102
Info: This operation may take a few seconds. Please wait for a moment...done
[fw1]interfacevlanif101
[fw1-vlanif101]ip address 10.0.101.2 24
[fw1]interfacevlanif102
[fw1-vlanif102]ip address 10.0.102.2 24
[fw1]Firewall zone trust    //加入安全区
[fw1-zone-trust]add interface vlanif101
[fw1-zone-trust]add interface vlanif102
[fw1-GigabitEthernet1/0/0]portswitch
[fw1-GigabitEthernet1/0/0]port link-type t
[fw1-GigabitEthernet1/0/0]port link-type trunk
[fw1-GigabitEthernet1/0/0]port trunk allow-pass vlan 101 102
```

测试：LSW1 ping FW1。

```
[fw1-vlanif101]service-manage ping permit    //开启 ping 功能
[fw1-vlanif102]service-manage ping permit
[LSW1]ping -vpn-instance A 10.0.101.2
  PING 10.0.101.2: 56  data bytes, press CTRL_C to break
    Reply from 10.0.101.2: bytes=56 Sequence=1 ttl=255 time=120 ms
    Reply from 10.0.101.2: bytes=56 Sequence=2 ttl=255 time=20 ms
    Reply from 10.0.101.2: bytes=56 Sequence=3 ttl=255 time=40 ms
    Reply from 10.0.101.2: bytes=56 Sequence=4 ttl=255 time=30 ms
    Reply from 10.0.101.2: bytes=56 Sequence=5 ttl=255 time=10 ms


  --- 10.0.101.2 ping statistics ---
    5 packet(s) transmitted
    5 packet(s) received
    0.00% packet loss
    round-trip min/avg/max = 10/44/120 ms
```

配置 LSW1 和 FW1 的静态路由。

```
[LSW1]ip route-static vpn-instance A 10.0.30.0 24 10.0.101.2 //下一跳为防火墙接口
[fw1]ip route-static 10.0.30.0 24 10.0.102.1      //交给 LSW1 的 vlanif 102
```

回包。

```
[LSW1]ip route-static vpn-instance B 10.0.100.0 24 10.0.102.2
[fw1]ip route-static 10.0.100.0 24 10.0.101.1
```

测试：PC5 访问 PC1，可以看到需求实现，PC5 可以通过防火墙访问 PC1。

```
PC>tracert 10.0.100.1

traceroute to 10.0.100.1, 8 hops max
(ICMP), press Ctrl+C to stop
 1  10.0.30.254   47 ms  47 ms  31 ms
 2    *  *  *
 3  10.0.101.1   78 ms  94 ms  78 ms
 4  10.0.100.1   141 ms  125 ms  125 ms
```

```
PC>
```

（5）配置 DHCP 中继。

① 配置 FW1 的 DHCP 中继。

```
[fw1]ip pool 1
Info: It is Successful to create an Ip address pool
[fw1-ip-pool-1]network 10.0.100.0 mask 24
[fw1-ip-pool-1]gateway-list 10.0.100.254
[fw1-ip-pool-1]dns-list 114.114.114.114
[fw1]ip pool 2
Info: It is Successful to create an Ip address pool
[fw1-ip-pool-2]network 10.0.30.0 mask 24
[fw1-ip-pool-2]gateway-list 10.0.30.254
[fw1-ip-pool-2]dns-list 8.8.8.8
[fw1]dhcp enable
Info: The operation may take a few seconds. Please wait for a moment.done
[fw1-vlanif101]dhcp select global    //对接 VPN 实例 A
[fw1-vlanif101]interfacevlanif102
[fw1-vlanif102]dhcp select global
```

② 配置 LSW1 的 DHCP 中继。

```
[LSW1]dhcp enable
[LSW1-vlanif100]hcp select relay
[LSW1-vlanif100]dhcp relay server-ip 10.0.101.2
```

VLANIF 30 同理，其配置不再赘述。

（6）VLAN 10 和 VLAN 20 的设备可以访问共有网络，但是 VLAN 30 无法访问公网。

① 配置 LSW1。

```
[LSW1]vlan 103
[LSW1-vlanif103]ip address 10.0.103.1 24
[LSW1-GigabitEthernet0/0/1]port link-type access
[LSW1-GigabitEthernet0/0/1]port default vlan 103
[LSW1-vlanif103]ip binding vpn-instance A         //绑定 VPN 实例 A
Info: AL IPv4 related configurations on this interface are removed!
Info: AL IPv6 related configurations on this interface are removed!
[LSW1-vlanif103]ip address 10.0.103.1 24
[LSW1]ip route-static vpn-instance A 0.0.0.0 0 10.0.103.2
```

② 配置 AR1。

```
[AR1-GigabitEthernet0/0/0]ip address 10.0.103.2 24
[AR1-GigabitEthernet0/0/1]ip address 100.1.1.1 24
[AR1]ip route-static 0.0.0.0 0 100.1.1.2
[AR1]acl 2000
[AR1-acl-basic-2000]rule permit source any
[AR1-acl-basic-2000]quit
[AR1]interface g0/0/1
[AR1-GigabitEthernet0/0/1]nat  outbound 2000          //NAT
```

```
[AR1]ip route-static 10.0.100.0 24 10.0.103.1                    //回程路由
```

③ 配置 ISP。

```
[lsp]interface g0/0/0
[lsp-GigabitEthernet0/0/0]ip address 100.1.1.2 24
[lsp-LoopBack0]ip address 100.100.100.100 32                    //模拟公网 IP
```

测试：PC1 访问公网。

```
PC>ping 100.100.100.100

Ping 100.100.100.100: 32 data bytes, Press Ctrl_C to break
From 100.100.100.100: bytes=32 seq=1 ttl=253 time=63 ms
From 100.100.100.100: bytes=32 seq=2 ttl=253 time=62 ms
From 100.100.100.100: bytes=32 seq=3 ttl=253 time=47 ms
From 100.100.100.100: bytes=32 seq=4 ttl=253 time=47 ms
From 100.100.100.100: bytes=32 seq=5 ttl=253 time=47 ms

--- 100.100.100.100 ping statistics ---
  5 packet(s) transmitted
  5 packet(s) received
  0.00% packet loss
  round-trip min/avg/max = 47/53/63 ms

PC>
```

测试 PC5 不能访问公网，实现了项目需求。

```
PC>ping 100.100.100.100

Ping 100.100.100.100: 32 data bytes, Press Ctrl_C to break
Request timeout!
Request timeout!
Request timeout!
Request timeout!
Request timeout!

--- 100.100.100.100 ping statistics ---
  5 packet(s) transmitted
  0 packet(s) received
  100.00% packet loss
```

第 17 章

MPLS 项目案例

　　BGP/MPLS IP VPN 是一种 L3VPN（Layer 3 Virtual Private Network）。它使用 BGP（Border Gateway Protocol，边界网关协议）在服务提供商骨干网上发布 VPN 路由，使用 MPLS（Multiprotocol Label Switch，多协议标签交换）在服务提供商骨干网上转发 VPN 报文。

扫一扫，看视频

1. 项目拓扑

MPLS（Multiprotocol Label Switching，多协议标签交换）项目拓扑如图 17-1 所示。

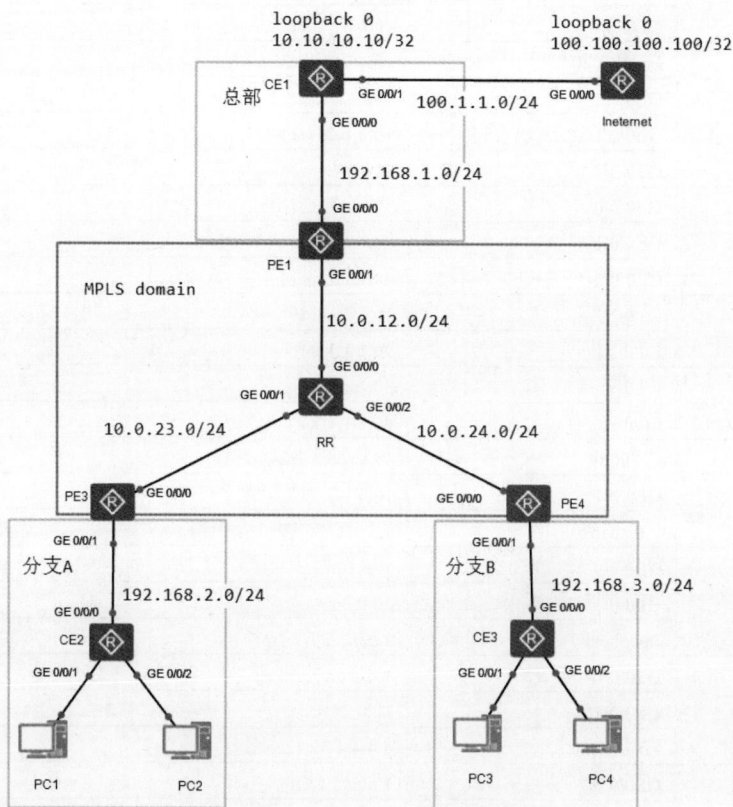

图 17-1　MPLS 项目拓扑

2. 项目需求

某公司拥有总部和分支 A、分支 B。现需要实现如下需求。

（1）总部和分支通过 MPLS VPN 互联，运营商内部使用 RR 放射 MP-BGP 路由，运营商 IGP 协议选择 OSPF，企业内部的 IGP 选择 OSPF。

（2）分支 A 和分支 B 之间无法互访，分支 A 的 PC1 和分支 B 的 PC3 可以访问公司总部，PC2 和 PC4 只能在分支内部通信。

（3）总部通过 CE1 连接 Internet，分支 A 和分支 B 的 PC1 和 PC2 应能够通过总部访问 Internet，总部在 CE1 上使用 BFD 单臂回声检测链路故障。

3. 实验步骤

（1）设备重命名以及配置 IP 地址。IP 地址规划如表 17-1 所示。

表 17-1　IP 地址规划

设备	接口编号	IP 地址
CE1	GE0/0/0	192.168.1.2/24
	GE0/0/1	100.1.1.1/24
	Loopback0	10.10.10.10/32
CE2	GE0/0/0	192.168.2.2/24
	GE0/0/1	10.1.1.254/24
	GE0/0/2	20.1.1.254/24
CE3	GE0/0/0	192.168.3.3/24
	GE0/0/1	30.1.1.254/24
	GE0/0/2	40.1.1.254/24
PC1	E0/0/1	10.1.1.1/24
PC2	E0/0/1	20.1.1.1/24
PC3	E0/0/1	30.1.1.1/24
PC4	E0/0/1	40.1.1.1/24
PE1	GE0/0/0	192.168.1.1/24
	GE0/0/1	10.0.12.1/24
	Loopback0	1.1.1.1/32
PE3	GE0/0/0	192.168.2.3/24
	GE0/0/1	10.0.23.3/24
	Loopback0	3.3.3.3/32
PE4	GE0/0/0	192.168.3.4/24
	GE0/0/1	10.0.24.4/24
	Loopback0	4.4.4.4/32
RR	GE0/0/0	10.0.12.6/24
	GE0/0/1	10.0.23.6/24
	GE0/0/2	10.0.24.6/24
	Loopback0	2.2.2.2/32
Internet	GE0/0/0	100.1.1.2/24
	Loopback0	100.100.100.100/32

（2）配置 MPLS VPN 与 IGP 协议。

配置运营商内部的 IGP。

```
[PE1]ospf
[PE1-ospf-1]area 0
[PE1-ospf-1-area-0.0.0.0]net 10.0.12.0 0.0.0.255
[PE1-ospf-1-area-0.0.0.0]net 1.1.1.1 0.0.0.0
[RR]ospf
[RR-ospf-1]area 0
[RR-ospf-1-area-0.0.0.0]net 2.2.2.2 0.0.0.0
[RR-ospf-1-area-0.0.0.0]net 10.0.12.0 0.0.0.255
[RR-ospf-1-area-0.0.0.0]net 10.0.23.0 0.0.0.255
[RR-ospf-1-area-0.0.0.0]net 10.0.24.0 0.0.0.255
```

```
[PE3]ospf
[PE3-ospf-1]area 0
[PE3-ospf-1-area-0.0.0.0]net 3.3.3.3 0.0.0.0
[PE3-ospf-1-area-0.0.0.0]net 10.0.23.0 0.0.0.255
[PE4]ospf
[PE4-ospf-1]
[PE4-ospf-1]area 0
[PE4-ospf-1-area-0.0.0.0]net 4.4.4.4 0.0.0.0
[PE4-ospf-1-area-0.0.0.0]net 10.0.24.0 0.0.0.255
```

配置运营商内部的 MPLS LDP 协议。

```
[PE1]mpls lsr-id 1.1.1.1                      //绑定环回口
[PE1]mpls                                     //开启 MPLS 功能
Info: Mpls starting, please wait... OK!
[PE1]mpls ldp                                 //开启 MPLS  LDP 功能
[PE1-mpls-ldp]quit
[PE1]interface g0/0/1
[PE1-GigabitEthernet0/0/1]mpls
[PE1-GigabitEthernet0/0/1]mpls ldp
```

RR、PE3 和 PE4 同理，配置不再赘述。

查看隧道建立情况。

```
[PE1]display mpls lsp
------------------------------------------------------------------------
                  LSP Information: LDP LSP
------------------------------------------------------------------------
FEC             In/Out Label    In/Out IF              Vrf Name
1.1.1.1/32        3/NUL         -/-
2.2.2.2/32        NUL/3         -/GE0/0/1
2.2.2.2/32        1024/3        -/GE0/0/1
3.3.3.3/32        NUL/1025      -/GE0/0/1
3.3.3.3/32        1025/1025     -/GE0/0/1
4.4.4.4/32        NUL/1026      -/GE0/0/1
4.4.4.4/32        1026/1026     -/GE0/0/1
```

（3）为租户建立 VPN 实例，配置规划好的 RD 和 RT 值。

① 配置 PE1 的 RD 和 RT 值。

```
[PE1]ip vpn-instance 1
[PE1-vpn-instance-1]route-distinguisher 100:1                    //RD 值
[PE1-vpn-instance-1-af-ipv4]vpn-target 1:1 import-extcommunity
//入方向 RT 值
 IVT Assignment result:
Info: VPN-Target assignment is Successful
[PE1-vpn-instance-1-af-ipv4]vpn-target 2:2 export-extcommunity
//出方向 RT 值
 EVT Assignment result:
Info: VPN-Target assignment is Successful
```

② 配置 PE3 的 RD 和 RT 值。

```
[PE3]ip vpn-instance 1
[PE3-vpn-instance-1-af-ipv4]route-distinguisher 100:3
[PE3-vpn-instance-1-af-ipv4]vpn-target 1:1 export-extcommunity
[PE3-vpn-instance-1-af-ipv4]vpn-target 2:2 import-extcommunity
```

③ 配置 PE4 的 RD 和 RT 值。

```
[PE4]ip vpn-instance 1
[PE4-vpn-instance-1]route-distinguisher 100:4
[PE4-vpn-instance-1-af-ipv4]vpn-target 1:1 export-extcommunity
 EVT Assignment result:
Info: VPN-Target assignment is Successful
[PE4-vpn-instance-1-af-ipv4]vpn-target 2:2 import-extcommunity
 IVT Assignment result:
Info: VPN-Target assignment is Successful
```

（4）将连接 CE 的接口绑定到 VPN 实例中，实现不同租户的隔离。

① 配置 PE1。

```
[PE1-GigabitEthernet0/0/0]ip binding vpn-instance 1
Info: AL IPv4 related configurations on this interface are removed!
Info: AL IPv6 related configurations on this interface are removed!
```

② 配置 PE3。

```
[PE3-GigabitEthernet0/0/1]ip binding vpn-instance 1
```

③ 配置 PE4。

```
[PE4-GigabitEthernet0/0/1]ip binding vpn-instance 1
```

（5）将站内的路由通过 CE 设备传递给本端的 PE（IPv4 路由）。

配置内部的 IGP。

```
[CE1]ospf 100
[CE1-ospf-100]area 0
[CE1-ospf-100-area-0.0.0.0]net 192.168.1.0 0.0.0.255
[CE1-ospf-100-area-0.0.0.0]net 10.10.10.10 0.0.0.0

[PE1]ospf 100 vpn-instance 1    //绑定实例 1
[PE1-ospf-100]area 0
[PE1-ospf-100-area-0.0.0.0]net 192.168.1.0 0.0.0.255
[PE1-ospf-100-area-0.0.0.0]
```

查看路由的学习情况，可知运行成功。PE3 与 CE2、PE4 与 CE3 同理运行 OSPF，配置不再赘述。

```
[PE1]display ip routing-table vpn-instance 1
Route Flags: R - relay, D - download to fib
----------------------------------------------------------------------
Routing Tables: 1
        Destinations : 5        Routes : 5

Destination/Mask   Proto   Pre  Cost  Flags NextHop        Interface
```

```
      10.10.10.10/32  OSPF    10   1    D   192.168.1.2     GigabitEthernet
0/0/0
      192.168.1.0/24  Direct  0    0    D   192.168.1.1     GigabitEthernet
0/0/0
      192.168.1.1/32  Direct  0    0    D   127.0.0.1       GigabitEthernet
0/0/0
     192.168.1.255/32 Direct  0    0    D   127.0.0.1       GigabitEthernet
0/0/0
   255.255.255.255/32 Direct  0    0    D   127.0.0.1       InLoopBack0
```

（6）通过 MP-BGP 传递 VPNv4 路由。

① 配置 PE1。

```
[PE1]bgp 100
[PE1-bgp]peer 2.2.2.2 as-number 100
[PE1-bgp]peer 2.2.2.2 connect-interface LoopBack 0
[PE1-bgp]ipv4-family vpnv4
[PE1-bgp-af-vpnv4]peer 2.2.2.2 enable
[PE1-bgp-af-vpnv4]quit
[PE1-bgp]quit
[PE1]bgp 100
[PE1-bgp]ipv4-family vpn-instance 1
[PE1-bgp-1]import-route ospf 100
```

通过以上输出可以看到，PE1 学到了 10.10.10.10 的路由。

```
[PE1-bgp-1]display bgp vpnv4 all routing-table


BGP Local router ID is 10.0.12.1
Status codes: * - valid, > - best, d - damped,
              h - history,  i - internal, s - suppressed, S - Stale
              Origin : i - IGP, e - EGP, ? - incomplete



Total number of routes from all PE: 2
Route Distinguisher: 100:1


    Network          NextHop       MED    LocPrf    PrefVal Path/Ogn

 *>  10.10.10.10/32   0.0.0.0       2                0       ?
 *>  192.168.1.0      0.0.0.0       0                0       ?


VPN-Instance 1, Router ID 10.0.12.1:

Total Number of Routes: 2
    Network          NextHop       MED     LocPrf    PrefVal Path/Ogn
```

*>	10.10.10.10/32	0.0.0.0	2		0	?
*>	192.168.1.0	0.0.0.0	0		0	?

② 配置 PE3。

```
[PE3]bgp 100
[PE3-bgp]peer 2.2.2.2 as-number 100
[PE3-bgp]peer 2.2.2.2 connect-interface LoopBack 0
[PE3-bgp]ipv4-family vpnv4
[PE3-bgp-af-vpnv4]peer 2.2.2.2 enable
[PE3-bgp-af-vpnv4]quit
[PE3-bgp]quit
[PE3]bgp 100
[PE3-bgp]ipv4-family vpn-instance 1
[PE3-bgp-1]import-route ospf 100
```

③ 配置 PE4。

```
[PE4]bgp 100
[PE4-bgp]peer 2.2.2.2 as-number 100
[PE4-bgp]peer 2.2.2.2 connect-interface LoopBack 0
[PE4-bgp]ipv4-family vpnv4
[PE4-bgp-af-vpnv4]peer 2.2.2.2 enable
[PE4-bgp-af-vpnv4]quit
[PE4-bgp]quit
[PE4]bgp 100
[PE4-bgp]ipv4-family vpn-instance 1
[PE4-bgp-1]import-route ospf 100
```

④ 配置 RR。

```
[RR]bgp 100
[RR-bgp]peer 1.1.1.1 as-number 100
[RR-bgp]peer 1.1.1.1 connect-interface LoopBack 0
[RR-bgp]peer 3.3.3.3 as-number 100
[RR-bgp]peer 3.3.3.3 connect-interface LoopBack 0
[RR-bgp]peer 4.4.4.4 as-number 100
[RR-bgp]peer 4.4.4.4 connect-interface LoopBack 0
[RR-bgp]ipv4-family vpnv4
[RR-bgp-af-vpnv4]peer 1.1.1.1 enable
[RR-bgp-af-vpnv4]peer 1.1.1.1 reflect-client
[RR-bgp-af-vpnv4]peer 3.3.3.3 enable
[RR-bgp-af-vpnv4]peer 3.3.3.3 reflect-client
[RR-bgp-af-vpnv4]peer 4.4.4.4 enable
[RR-bgp-af-vpnv4]peer 4.4.4.4 reflect-client
[RR]bgp 100
[RR-bgp]ipv4-family vpnv4
[RR-bgp-af-vpnv4]undo policy vpn-target
```

由于 RR 不配置 VPN 实例，没有 RT，无法接收 VPNv4，因此需要配置以上命令，作用是接收 VPNv4 路由时不检查 RT 值，直接接收。

（7）将 BGP 的 VPNv4 路由引入 OSPF 中并传递给 CE 设备。

```
[PE1]ospf 100
[PE1-ospf-100]import-route bgp

[PE3]ospf 100
[PE3-ospf-100]import-route bgp

[PE4]ospf 100
[PE4-ospf-100]import-route bgp
```

测试：PC1 可以访问 10.10.10.10，但不能访问 PC3。

（8）在 PE 上把 20.1.1.0 40.1.1.0 过滤掉。

配置 PE1。

```
[PE1]ip ip-prefix 1 permit 10.1.1.0 24
[PE1]ip ip-prefix 1 permit 30.1.1.0 24
[PE1]ospf 100
[PE1-ospf-100]area 0
[PE1-ospf-100-area-0.0.0.0]filter ip-prefix 1 import
```

（9）配置 NAT 和默认路由指向外网，并下发默认路由。

① 配置 CE。

```
[CE]ip route-static 0.0.0.0 0 100.1.1.2
[CE]acl 2000
[CE-acl-basic-2000]rule  permit source any
[CE-acl-basic-2000]interface ge0/0/1
[CE-GigabitEthernet0/0/1]nat outbound 2000
[CE]ospf 100
[CE-ospf-100]de
[CE-ospf-100]default-route-advertise      //下发默认路由
```

② 配置 PE。

```
[PE1]bgp 100
[PE1-bgp]ipv4-family vpn-instance 1
[PE1-bgp-1]default-route imported
//允许引入默认路由，使 PE3 与 PE4 学习到默认路由
[PE3-ospf-100]default-route-advertise
[PE4-ospf-100]default-route-advertise
```

（10）配置单臂回声。

```
[CE]bfd
[CE-bfd]quit
[CE]bfd 1 bind peer-ip 100.1.1.2 interface ge0/0/1 one-arm-echo
[CE-bfd-session-1]discriminator local 100
[CE-bfd-session-1]commit
[CE]ip route-static 0.0.0.0 0 100.1.1.2 track bfd-session 1
Info: Succeeded in modifying route
```

‖ 第 18 章 ‖

中大型企业 HCIP 综合项目案例

本章主要通过一个项目案例，让读者掌握以下技术。

- ↘ IP 地址规划
- ↘ 交换网组网技术
- ↘ DHCP 技术
- ↘ 无线组网技术
- ↘ 路由规划
- ↘ MPLS VPN
- ↘ 防火墙
- ↘ NAT

扫一扫，看视频

1. 项目拓扑

中大型企业 HCIP 综合项目拓扑如图 18-1 所示。

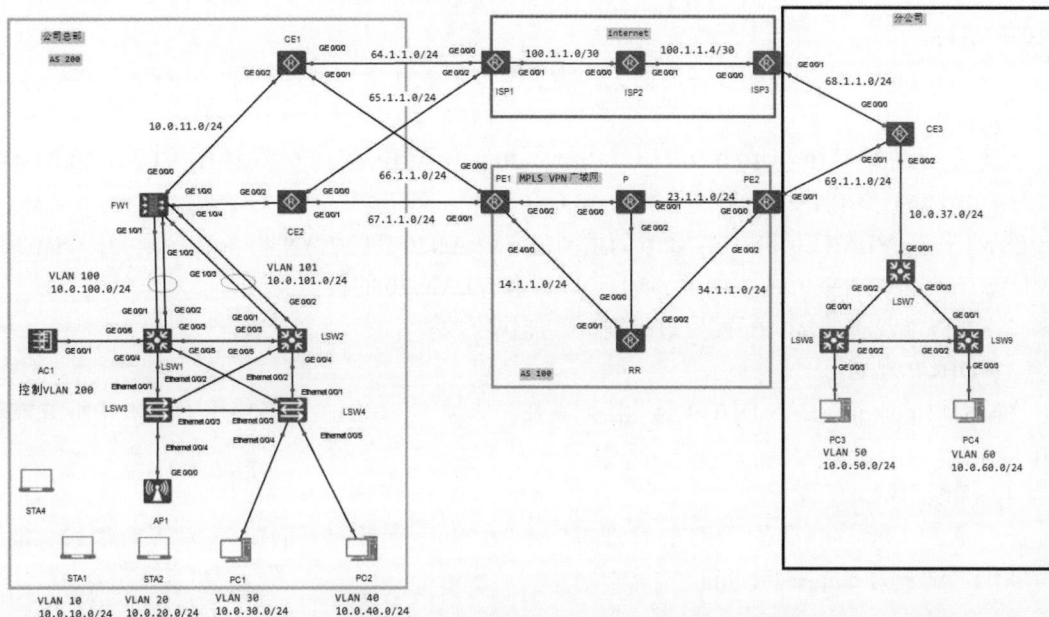

图 18-1　中大型企业 HCIP 综合项目拓扑

2. 项目需求

某公司分为公司总部和分公司，现要求按照以下需求进行组网。

1）总公司组网需求

（1）总公司 IP 地址规划。

无线网络：VLAN 10 的 IP 网段为 10.0.10.0/24，网关为 10.0.10.254；VLAN 20 的 IP 网段为 10.0.20.0/24，网关为 10.0.20.254。

有线网络：VLAN 30 的 IP 网段为 10.0.30.0/24，网关为 10.0.30.254；VLAN 40 的 IP 网段为 10.0.40.0/24，网关为 10.0.40.254。

AC 管理 VLAN 200。

AC 管理 VLAN 200 IP 地址为 10.0.200.254/24。

FW1 与 LSW1 的通信 VLAN 为 100，IP 网段为 10.0.100.0/24；FW1 与 LSW2 的通信 VLAN 为 101，IP 网段为 10.0.101.0/24。

其他互联网段如图 18-1 所示，请读者自行配置。

（2）交换网络组网需求。

LSW1、LSW2 作为总公司的汇聚层交换机，LSW3、LSW4 作为接入层交换机。

4 台交换设备运行 MSTP+VRRP 的组网模式。

规划如下：

VLAN 10、VLAN 20 加入 MSTP 的实例 1，VLAN 30、VLAN 40 加入 MSTP 的实例 2。

将 LSW1 配置为实例 1 的根桥、实例 2 的备份根桥，将 LSW2 配置为实例 2 的根桥、实例 1 的备份根桥。

LSW1 和 LSW2 作为终端设备的网关，为了实现网关冗余，需要配置 VRRP。

规划如下：

VLAN 10 的网关 IP 为 10.0.10.254，VLAN 20 的网关 IP 为 10.0.20.254，VLAN 30 的网关 IP 为 10.0.30.254，VLAN 40 的网关 IP 为 10.0.40.254。

LSW1 作为 VLAN 10 和 VLAN20 的主网关、VLAN30 和 VLAN 40 的备份网关，LSW2 作为 VLAN 30 和 VLAN 40 的主网关、VLAN 10 和 VLAN 20 的备份网关。

将连接终端设备的接口配置为边缘端口，加快收敛。

（3）DHCP 规划。

终端用户的业务 VLAN DHCP 服务器配置在防火墙上，在网关设备使用 DHCP 中继方式获取 IP 地址。

（4）无线组网。

配置 AC1 管理 AP 设备，AC 的管理 VLAN 为 200，下发配置的业务 VLAN 为 10、20。

SSID：配置为 hcip-datacom。

无线密码：huawei123。

转发模式：直连转发。

（5）路由规划。

公司总部内网使用 OSPF 学习路由。

2）分公司组网需求

（1）分公司 IP 地址规划。

有线网络：VLAN 50 的 IP 网段为 10.0.50.0/24，网关 10.0.50.254；VLAN 60 的 IP 网段为 10.0.60.0/24，网关为 10.0.60.254。

互联 IP 如图 18-1 所示，请读者自行配置。

（2）交换网络规划。

LSW7、LSW8、LSW9 运行 RSTP，将连接终端的接口配置为边缘端口，并且开启 dhcp-snooping，避免 DHCP 攻击。

LSW7 作为 PC 的网关设备，并配置 DHCP，分配 IP 地址。

（3）路由规划。

公司分部内网使用 OSPF 学习路由。

3）Internet 网络配置

ISP2 的 loopback0 IP 地址为 100.100.100.100。

4）MPLS VPN 广域网配置

MPLS 广域网内部 IGP 协议选择 ISIS。

PE1 的 loopback0 ip 地址为 1.1.1.1/32。

P 的 loopback0 ip 地址为 2.2.2.2/32。

PE2 的 loopback0 ip 地址为 3.3.3.3/32。

RR 的 loopback0 ip 地址为 4.4.4.4/32。

配置 MPLS 及 MPLS LDP，建立公网隧道。

在 PE 设备上开启 ISIS 的 FRR 功能，实现链路故障的快速收敛。

5）总公司和分公司的 VPN 互联需求

（1）CE1 和 CE2 设备通过 Internet 与 CE3 设备建立 GRE VPN，并且使用 GRE VPN 与对端公司建立 OSPF 邻居关系。

（2）CE1 和 CE2 设备通过 MPLS VPN 广域网与 CE3 建立 MPLS VPN。

（3）公司内部设备互访时，默认情况下经过 MPLS VPN，当 MPLS VPN 故障时切换到 GRE VPN。

（4）MPLS VPN 规划：PE1 和 CE1、CE2 之间运行 EBGP 协议；PE2 和 CE3 之间运行 EBGP 协议。

PE1、PE2 与 RR 设备建立 VPNv4 邻居关系（RR 学习不到 VPNv4 路由，请读者自行查阅文档解决问题）。

通过在 CE 设备上的 BGP 进程引入 OSPF 路由，让对端公司学习到本端公司的路由，此时注意路由过滤。由于对端公司的路由通过 GRE 建立的 OSPF 邻居可以学习到，因此如果引入 BGP 中，可能会导致环路或无法通过 BGP 学习到对端路由的情况。

提示：由于 GRE VPN 可以通过 OSPF 学习到对端公司的路由，而 MPLS VPN 是通过 BGP 学习到对端站点的路由，因此应注意修改 BGP 协议的路由优先级来实现路径选路。

6）防火墙规划

GE0/0/0、GE0/0/1 口划分到 untrust 区域，VLANIF 100、VLANIF 101 接口划分到 trust 区域。

在防火墙上配置安全策略，放行公司之间互访的流量，以及公司 PC 访问外部网络的流量。

7）NAT

在 CE1 和 CE2、CE3 上配置 NAT，实现公司内部能够访问 Internet。

3. 实验步骤

1）配置总公司交换网络

（1）在 LSW1、LSW2、LSW3、LSW4 上配置 vlan。

```
[LSW1]vlan batch 10 20 30 40 100 200
[LSW2]vlan batch 10 20 30 40 101 200
[LSW3]vlan batch 10 20 30 40 200
[LSW4]vlan batch 10 20 30 40 200
```

（2）配置交换机的链路类型。

① 配置 LSW1 的链路类型。

```
[LSW1]interface GigabitEthernet0/0/3
```

```
[LSW1-GigabitEthernet0/0/3]port link-type trunk
[LSW1-GigabitEthernet0/0/3]port trunk allow-pass vlan 10 20 30 40 200
//允许 VLAN 10 20 30 40 200 的流量
[LSW1]interface GigabitEthernet0/0/4
[LSW1-GigabitEthernet0/0/4]port link-type trunk
[LSW1-GigabitEthernet0/0/4]port trunk allow-pass vlan 10 20 30 40 200
[LSW1]interface GigabitEthernet0/0/5
[LSW1-GigabitEthernet0/0/5]port link-type trunk
[LSW1-GigabitEthernet0/0/5]port trunk allow-pass vlan 10 20 30 40 200
[LSW1]interface GigabitEthernet0/0/6
[LSW1-GigabitEthernet0/0/6]port link-type trunk
//由于是直连转发，因此连接 AC 的接口只需要放行 VLAN 200 的流量
[LSW1-GigabitEthernet0/0/6]port trunk allow-pass vlan 200
```

② 配置 LSW2 的链路类型。

```
[LSW2]interface GigabitEthernet0/0/3
[LSW2-GigabitEthernet0/0/3]port link-type trunk
[LSW2-GigabitEthernet0/0/3]port trunk allow-pass vlan 10 20 30 40 200
[LSW2]interface GigabitEthernet0/0/4
[LSW2-GigabitEthernet0/0/4]port link-type trunk
[LSW2-GigabitEthernet0/0/4]port trunk allow-pass vlan 10 20 30 40 200
[LSW2]interface GigabitEthernet0/0/5
[LSW2-GigabitEthernet0/0/5]port link-type trunk
[LSW2-GigabitEthernet0/0/5]port trunk allow-pass vlan 10 20 30 40 200
```

③ 配置 LSW3 的链路类型。

```
[LSW3]interface EigabitEthernet0/0/1
[LSW3-EigabitEthernet0/0/1]port link-type trunk
[LSW3-EigabitEthernet0/0/1]port trunk allow-pass vlan 10 20 30 40 200
[LSW3]interface EigabitEthernet0/0/2
[LSW3-EigabitEthernet0/0/2]port link-type trunk
[LSW3-EigabitEthernet0/0/2]port trunk allow-pass vlan 10 20 30 40 200
[LSW3]interface EigabitEthernet0/0/3
[LSW3-EigabitEthernet0/0/3]port link-type trunk
[LSW3-EigabitEthernet0/0/3]port trunk allow-pass vlan 10 20 30 40 200
[LSW3]interface EigabitEthernet0/0/4
[LSW3-EigabitEthernet0/0/4]port link-type trunk
//放行 VLAN 10、VLAN 20 的流量是为了让 AP 后的无线终端能实现通信
[LSW3-EigabitEthernet0/0/4] port trunk allow-pass vlan 10 20 200
[LSW3-EigabitEthernet0/0/4] port trunk pvid vlan 200
//连接 AP 的接口，需要配置 PVID 200。
//配置 PVID 有两个目的：1.让 AP 获得 IP 地址，2.让 AP 与 AC 建立隧道
```

④ 配置 LSW4 的链路类型。

```
[LSW4]interface EigabitEthernet0/0/1
[LSW4-EigabitEthernet0/0/1]port link-type trunk
[LSW4-EigabitEthernet0/0/1]port trunk allow-pass vlan 10 20 30 40 200
[LSW4]interface EigabitEthernet0/0/2
```

```
[LSW4-EigabitEthernet0/0/2]port link-type trunk
[LSW4-EigabitEthernet0/0/2]port trunk allow-pass vlan 10 20 30 40 200
[LSW4]interface EigabitEthernet0/0/3
[LSW4-EigabitEthernet0/0/3]port link-type trunk
[LSW4-EigabitEthernet0/0/3]port trunk allow-pass vlan 10 20 30 40 200
[LSW4]interface EigabitEthernet0/0/4
[LSW4-EigabitEthernet0/0/4]port link-type access
[LSW4-EigabitEthernet0/0/4] port default vlan 30
[LSW4]interface EigabitEthernet0/0/5
[LSW4-EigabitEthernet0/0/5]port link-type access
[LSW4-EigabitEthernet0/0/5] port default vlan 40
```

（3）配置 MSTP + VRRP。

① 按题目需求配置实例的映射关系。

a. 配置 LSW1。

```
[LSW1]stp region-configuration
[LSW1-mst-region]region-configuration name huawei
[LSW1-mst-region]instance 1 vlan 10 20
[LSW1-mst-region]instance 2 vlan 30 40
[LSW1-mst-region]active region-configuration
```

b. 配置 LSW2。

```
[LSW2]stp region-configuration
[LSW2-mst-region]region-configuration name huawei
[LSW2-mst-region]instance 1 vlan 10 20
[LSW2-mst-region]instance 2 vlan 30 40
[LSW2-mst-region]active region-configuration
```

c. 配置 LSW3。

```
[LSW3]stp region-configuration
[LSW3-mst-region]region-configuration name huawei
[LSW3-mst-region]instance 1 vlan 10 20
[LSW3-mst-region]instance 2 vlan 30 40
[LSW3-mst-region]active region-configuration
```

d. 配置 LSW4。

```
[LSW4]stp region-configuration
[LSW4-mst-region]region configuration name huawei
[LSW4-mst-region]instance 1 vlan 10 20
[LSW4-mst-region]instance 2 vlan 30 40
[LSW4-mst-region]active region-configuration
```

② 将 LSW1 配置为实例 1 的根、实例 2 的备份根，将 LSW2 配置为实例 2 的根、实例 1 的备份根。

a. 配置 LSW1。

```
[LSW1]stp instance 1 root primary
[LSW1]stp instance 2 root  secondary
```

b. 配置 LSW2。

```
[LSW2]stp instance 1 root  secondary
[LSW2]stp instance 2 root primary
```

（4）配置 VRRP。

① 按题目需求创建 VLANIF 接口。

a. 配置 LSW1。

```
[LSW1]interface vlanif10
[LSW1-vlanif10]ip address 10.0.10.252 255.255.255.0
[LSW1]interface vlanif20
[LSW1-vlanif20]ip address 10.0.20.252 255.255.255.0
[LSW1]interface vlànif30
[LSW1-vlanif30]ip address 10.0.30.252 255.255.255.0
[LSW1]]interface vlanif40
[LSW1-vlanif40]ip address 10.0.40.252 255.255.255.0
```

b. 配置 LSW2。

```
[LSW2]interface vlanif10
[LSW2-vlanif10]ip address 10.0.10.253 255.255.255.0
[LSW2]interface vlanif20
[LSW2-vlanif20]ip address 10.0.20.253 255.255.255.0
[LSW2]interface vlanif30
[LSW2-vlanif30]ip address 10.0.30.253 255.255.255.0
[LSW2]interface vlanif40
[LSW2-vlanif40]ip address 10.0.40.253 255.255.255.0
```

② 配置 LSW1 为 VLAN 10、VLAN 20 的主网关，LSW2 为 VLAN 30、VLAN 40 的备份网关。

a. 配置 LSW1。

```
[LSW1]interface vlanif10
[LSW1-vlanif10]vrrp vrid 1 virtual-ip 10.0.10.254
[LSW1-vlanif10]vrrp vrid 1 priority 120
[LSW1]interface vlanif20
[LSW1-vlanif20]vrrp vrid 2 virtual-ip 10.0.20.254
[LSW1-vlanif20]vrrp vrid 2 priority 120
[LSW1]interface vlanif30
[LSW1-vlanif30]vrrp vrid 3 virtual-ip 10.0.30.254
[LSW1]interface vlanif40
[LSW1-vlanif40]vrrp vrid 4 virtual-ip 10.0.40.254
```

b. 配置 LSW2。

```
[LSW2]interface vlanif10
[LSW2-vlanif10]vrrp vrid 1 virtual-ip 10.0.10.254
[LSW2]interface vlanif20
[LSW2-vlanif20]vrrp vrid 2 virtual-ip 10.0.20.254
[LSW2]interface vlanif30
[LSW2-vlanif30]vrrp vrid 3 virtual-ip 10.0.30.254
```

```
[LSW2-vlanif30]vrrp vrid 3 priority 120
[LSW2]interface vlanif40
[LSW2-vlanif40]vrrp vrid 4 virtual-ip 10.0.40.254
[LSW2-vlanif40]vrrp vrid 4 priority 120
```

查看 VRRP 状态，可知配置成功。

```
[LSW1]display  vrrp brief
VRID  State           Interface           Type     Virtual IP
-----------------------------------------------------------------
1     Master          vlanif10            Normal   10.0.10.254
2     Master          vlanif20            Normal   10.0.20.254
3     Backup          vlanif30            Normal   10.0.30.254
4     Backup          vlanif40            Normal   10.0.40.254
-----------------------------------------------------------------

Total:4    Master:2    Backup:2   Non-active:0
```

（5）配置连接终端（LSW2）的接口为边缘端口。

```
[LSW2]interface Ethernet0/0/4
[LSW2-Ethernet0/0/4]stp edged-port enable
[LSW2] interface Ethernet0/0/5
[LSW2-Ethernet0/0/5]stp edged-port enable
```

（6）配置业务 VLAN 的 DHCP。

① 配置防火墙和 LSW1、LSW2 的互联 VLAN 以及链路聚合。

a. 配置 FW1。

```
[FW1]interface  Eth-Trunk 1
[FW1-Eth-Trunk2]portswitch       //开启二层功能
[FW1-Eth-Trunk2]mode  lacp-static
[FW1-Eth-Trunk2]trunkport ge1/0/1
[FW1-Eth-Trunk2]trunkport ge1/0/2
[FW1]interface  Eth-Trunk 2
[FW1-Eth-Trunk2]portswitch       //开启二层功能
[FW1-Eth-Trunk2]mode  lacp-static
[FW1-Eth-Trunk2]trunkport ge1/0/3
[FW1-Eth-Trunk2]trunkport ge1/0/4
```

b. 配置 LSW1。

```
[LSW1]interface  Eth-Trunk 1
[LSW1-Eth-Trunk1]mode  lacp-static
[LSW1-Eth-Trunk1]trunkport ge0/0/1
[LSW1-Eth-Trunk1]trunkport ge0/0/2
```

c. 配置 LSW2。

```
[LSW2]interface  Eth-Trunk 2
[LSW2-Eth-Trunk2]mode  lacp-static
[LSW2-Eth-Trunk2]trunkport ge0/0/1
[LSW2-Eth-Trunk2]trunkport ge0/0/2
```

查看聚合口状态，可知两个聚合口状态为 up。

```
[FW1]display interface brief
2023-04-24 07:11:54.500
PHY: Physical
*down: administratively down
(l): loopback
(s): spoofing
(b): BFD down
(d): Dampening Suppressed
InUti/OutUti: input utility/output utility
Interface              PHY    Protocol  InUti  OutUti  inErrors  outErrors
Eth-Trunk1             up     up        0%     0%      0         0
  GigabitEthernet1/0/1 up     up        0%     0%      0         0
  GigabitEthernet1/0/2 up     up        0%     0%      0         0
Eth-Trunk2             up     up        0%     0%      0         0
  GigabitEthernet1/0/3 up     up        0%     0%      0         0
  GigabitEthernet1/0/4 up     up        0%     0%      0         0
GigabitEthernet0/0/0   up     up        0%     0%      0         0
GigabitEthernet1/0/0   up     down      0%     0%      0         0
GigabitEthernet1/0/5   down   down      0%     0%      0         0
GigabitEthernet1/0/6   down   down      0%     0%      0         0
NUL0                   up     up(s)     0%     0%      0         0
Virtual-if0            up     up(s)     --     --      0         0
```

② 在 FW1 上创建互联 VLAN 100、VLAN 101，并且在 FW1 上配置两个 VLAN 的 VLANIF 接口。

```
[FW1]vlan batch 100 101
[FW1]interface vlanif100
[FW1-vlanif100]ip address 10.0.100.1 255.255.255.0
[FW1]interface vlanif101
[FW1-vlanif101]ip address 10.0.101.1 255.255.255.0

[FW1]firewall zone trust
[FW1-zone-trust]add interface vlanif100
//由于 FW1 与交换机使用 VLANIF 接口通信，因此需要将 VLANIF 接口加入对应的安全区域
[FW1-zone-trust]add interface vlanif101
[FW1]interface Eth-Trunk1
[FW1-Eth-Trunk1]port link-type trunk
[FW1-Eth-Trunk1]port trunk allow-pass vlan 100
[FW1]interface Eth-Trunk2
[FW1-Eth-Trunk2]port link-type  trunk
[FW1-Eth-Trunk2]port trunk allow-pass vlan 101   //聚合口放行互联 VLAN
```

a. 配置 LSW1。

```
[LSW1]interface vlanif100
[LSW1-vlanif100]ip address 10.0.100.2 255.255.255.0
[LSW1]interface Eth-Trunk1
```

```
[LSW1-Eth-Trunk1]port link-type  trunk
[LSW1-Eth-Trunk1]port trunk allow-pass vlan 100
```

b. 配置 LSW2。

```
[LSW2]interface vlanif101
[LSW2-vlanif101]ip address 10.0.101.2 255.255.255.0
[LSW2]interface Eth-Trunk2
[LSW2-Eth-Trunk2]port link-type  trunk
[LSW2-Eth-Trunk2]port trunk allow-pass vlan 101
```

（7）配置 DHCP 服务器。

① 配置 FW1。

```
[FW1]dhcp enable
[FW1]ip pool vlan10
[FW1-ip-pool-vlan10]gateway-list 10.0.10.254
[FW1-ip-pool-vlan10]network 10.0.10.0 mask 255.255.255.0
[FW1]ip pool vlan20
[FW1-ip-pool-vlan20]gateway-list 10.0.20.254
[FW1-ip-pool-vlan20]network 10.0.20.0 mask 255.255.255.0
[FW1]ip pool vlan30
[FW1-ip-pool-vlan30]gateway-list 10.0.30.254
[FW1-ip-pool-vlan30]network 10.0.30.0 mask 255.255.255.0
[FW1]ip pool vlan40
[FW1-ip-pool-vlan40]gateway-list 10.0.30.254
[FW1-ip-pool-vlan40]network 10.0.40.0 mask 255.255.255.0
[FW1]interface vlanif 100
[FW1-vlanif100]dhcp select global
[FW1]interface vlanif 101
[FW1-vlanif101]dhcp  select global
```

② 配置 LSW1 的中继服务。

```
[LSW1]dhcp enable
//创建 DHCP 服务器组 fw1，并指明从 10.0.100.1 和 10.0.101.1 获取 IP 地址
[LSW1-dhcp-server-group-fw1]dhcp server group fw1
[LSW1-dhcp-server-group-fw1]dhcp-server 10.0.100.1 0
[LSW1-dhcp-server-group-fw1]dhcp-server 10.0.101.1 1
[LSW1]interface vlanif 10
[LSW1-vlanif10]dhcp select relay
[LSW1-vlanif 10]dhcp relay server-select  fw1
[LSW1]interface vlanif 20
[LSW1-vlanif 20]dhcp select relay
[LSW1-vlanif 20]dhcp relay server-select  fw1
[LSW1]interface vlanif 30
[LSW1-vlanif 30]dhcp select relay
[LSW1-vlanif 30]dhcp relay server-select  fw1
[LSW1]interface vlanif 40
[LSW1-vlanif 40]dhcp select relay
```

```
[LSW1-vlanif 40]dhcp relay server-select  fw1
```

③ 配置 LSW2 的中继服务。

```
[LSW2]dhcp enable
[LSW2dhcp server group fw1
[LSW2-dhcp-server-group-fw1]dhcp-server 10.0.100.1 0
[LSW2-dhcp-server-group-fw1]dhcp-server 10.0.101.1 1
[LSW2]interface vlanif 10
[LSW2-vlanif10]dhcp select relay
[LSW2-vlanif10]dhcp relay server-select  fw1
[LSW2]interface vlanif 20
[LSW2-vlanif 20]dhcp select relay
[LSW2-vlanif 20]dhcp relay server-select  fw1
[LSW2]interface vlanif 30
[LSW2-vlanif 30]dhcp select relay
[LSW2-vlanif 30]dhcp relay server-select  fw1
[LSW2]interface vlanif 40
[LSW2-vlanif 40]dhcp select relay
[LSW2-vlanif 40]dhcp relay server-select  fw1
```

此时还无法获取 IP 地址，需要等公司内部网络 OSPF 配置完毕，这是因为 DHCP 服务需要有业务网段的回程路由。

（8）配置 WLAN。

①配置 AC 的 WLAN。

```
[AC]vlan 200                            //创建控制 VLAN
[AC]interface GigabitEthernet0/0/1
[AC-GigabitEthernet0/0/1]port link-type trunk
[AC-GigabitEthernet0/0/1]port trunk allow-pass vlan 200
[AC]dhcp enable
[AC]interface vlanif200
[AC-vlanif200]ip address 10.0.200.254 255.255.255.0
[AC]dhcp select interface        //开启 DHCP，为 AP 分配 IP 地址
```

查看是否获取到 AP 的 IP 地址，可以看到 AP 已经获取到 IP 地址。如果没有获取到 IP 地址，请读者查看交换的链路类型是否配置正确。

```
<Huawei>display ip int brief
Interface             Ip address/Mask          Physical      Protocol
NUL0                  unassigned               up            up(s)
vlanif1               10.0.200.107/24          up
```

创建 AP 组。

```
[AC-wlan-view]ap-group name huawei         //创建 AP 组
[AC-wlan-view]ap-id 1 ap-mac 00e0-fc0f-6ad0 //配置 AP 的 MAC 认证
[AC-wlan-ap-1]ap-name ap1                   //配置 AP 的名字为 AP1
[AC-wlan-ap-1]ap-group huawei               //管理 AP 组
```

②配置 SSID 模板。

```
[AC-wlan-view]ssid-profile name huawei
[AC-wlan-ssid-prof-huawei]ssid hcip-datacom
```

③配置安全模板。

```
[AC-wlan-view]security-profile name huawei
[AC-wlan- sec-prof-huawei]security wpa-wpa2 psk pass-phrase huawei123 aes
```

④创建 VLAN pool。

```
[AC]vlan pool huawei
[AC-vlan-pool-huawei]vlan 10 20
```

⑤配置 VAP 模板（默认为直连转发，无须配置）。

```
[AC-wlan-view]vap-profile name huawei
[AC-wlan-vap-prof-huawei]service-vlan vlan-pool huawei
[AC-wlan-vap-prof-huawei]ssid-profile huawei
[AC-wlan-vap-prof-huawei]security-profile huawei
```

在 AP 组中调用 VAP 模板。

```
[AC-wlan-view]ap-group name huawei
[AC-wlan-ap-group-huawei]vap-profile huawei wlan 1 radio 0
[AC-wlan-ap-group-huawei]vap-profile huawei wlan 1 radio 1
```

设置 CAPWAP 隧道源。

```
[AC]capwap source interface vlanif 200
```

配置完毕，AP 上线。

2）配置分公司的交换网络

（1）创建 VLAN，配置链路类型。

① 配置 LSW7。

```
[LSW7]vlan batch 50 60
[LSW7]interface GigabitEthernet0/0/2
[LSW7-GigabitEthernet0/0/2]port link-type trunk
[LSW7-GigabitEthernet0/0/2]port trunk allow-pass vlan 50 60
[LSW7]interface GigabitEthernet0/0/3
[LSW7-GigabitEthernet0/0/3]port link-type trunk
[LSW7-GigabitEthernet0/0/3]port trunk allow-pass vlan 50 60
```

② 配置 LSW8。

```
[LSW8]vlan batch 50 60
[LSW8]interface GigabitEthernet0/0/1
[LSW8-GigabitEthernet0/0/1]port link-type trunk
[LSW8-GigabitEthernet0/0/1]port trunk allow-pass vlan 50 60
[LSW8]interface GigabitEthernet0/0/2
[LSW8-GigabitEthernet0/0/2]port link-type trunk
[LSW8-GigabitEthernet0/0/2]port trunk allow-pass vlan 50 60
interface GigabitEthernet0/0/3
[LSW8-GigabitEthernet0/0/3]port link-type access
[LSW8-GigabitEthernet0/0/3]port default vlan 50
```

③ 配置 LSW9。

```
[LSW9]vlan batch 50 60
[LSW9]interface GigabitEthernet0/0/1
[LSW9-GigabitEthernet0/0/1]port link-type trunk
[LSW9-GigabitEthernet0/0/1]port trunk allow-pass vlan 50 60
[LSW9]interface GigabitEthernet0/0/2
[LSW9-GigabitEthernet0/0/2]port link-type trunk
[LSW9-GigabitEthernet0/0/2]port trunk allow-pass vlan 50 60
[LSW9]interface GigabitEthernet0/0/3
[LSW9-GigabitEthernet0/0/2]port link-type access
[LSW9-GigabitEthernet0/0/2]port default vlan 60
```

（2）配置网关（LSW7）的 VLANIF 接口及 DHCP。

```
[LSW7]dhcp enable
[LSW7]interface vlanif1 //配置和 CE3 的互联 IP 地址
[LSW7-vlanif1]ip address 10.0.37.2 255.255.255.0
[LSW7]interface vlanif50
[LSW7-vlanif50]ip address 10.0.50.254 255.255.255.0
[LSW7-vlanif50]dhcp select interface
[LSW7]interface vlanif60
[LSW7-vlanif60]ip address 10.0.60.254 255.255.255.0
[LSW7-vlanif60]dhcp select interface
```

（3）配置 DHCP snooping。

① 配置 LSW8 的 DHCP Snooping。

```
[LSW8]dhcp enable
[LSW8]dhcp snooping enable
[LSW8]vlan 50
[LSW8-vlan50]dhcp snooping enable
[LSW8-vlan50]dhcp snooping trusted interface GigabitEthernet0/0/1
[LSW8-vlan50]dhcp snooping trusted interface GigabitEthernet0/0/2
[LSW8]vlan 60
[LSW8-vlan60]dhcp snooping enable
[LSW8-vlan60]dhcp snooping trusted interface GigabitEthernet0/0/1
[LSW8-vlan60]dhcp snooping trusted interface GigabitEthernet0/0/2
```

② 配置 LSW9 的 DHCP Snooping。

```
[LSW9]dhcp enable
[LSW9]dhcp snooping enable
[LSW9]vlan 50
[LSW9-vlan50]dhcp snooping enable
[LSW9-vlan50]dhcp snooping trusted interface GigabitEthernet0/0/1
[LSW9-vlan50]dhcp snooping trusted interface GigabitEthernet0/0/2
[LSW9]vlan 60
[LSW9-vlan 60]dhcp snooping enable
[LSW9-vlan 60]dhcp snooping trusted interface GigabitEthernet0/0/1
[LSW9-vlan 60]dhcp snooping trusted interface GigabitEthernet0/0/2
```

查看 PC3、PC4 是否能获取 IP 地址，如图 18-2 和图 18-3 所示。

```
PC>ipconfig

Link local IPv6 address...........: fe80::5689:98ff:fea4:49a2
IPv6 address......................: :: / 128
IPv6 gateway......................: ::
IPv4 address......................: 10.0.50.253
Subnet mask.......................: 255.255.255.0
Gateway...........................: 10.0.50.254
Physical address..................: 54-89-98-A4-49-A2
DNS server........................:
```

图 18-2　PC3

```
PC>ipconfig

Link local IPv6 address...........: fe80::5689:98ff:fe93:2c00
IPv6 address......................: :: / 128
IPv6 gateway......................: ::
IPv4 address......................: 10.0.60.253
Subnet mask.......................: 255.255.255.0
Gateway...........................: 10.0.60.254
Physical address..................: 54-89-98-93-2C-00
DNS server........................:
```

图 18-3　PC4

3）配置 GRE 隧道以及总公司和分公司的 IGP 协议

此处全部使用 OSPF 的区域 0。至于互联 IP，请读者查看拓扑自行配置。

（1）配置 Internet 的 IGP 路由，实现公网内部可以通信。

① 配置 ISP1。

```
[ISP1]ospf 1
[ISP1-ospf-1]silent-interface GigabitEthernet0/0/0 //连接用户的接口配置为静默接口
[ISP1-ospf-1]silent-interface GigabitEthernet0/0/2
[ISP1-ospf-1]area 0.0.0.0
[ISP1-ospf-1-area-0.0.0.0]network 64.1.1.0 0.0.0.255
[ISP1-ospf-1-area-0.0.0.0]network 65.1.1.0 0.0.0.255
[ISP1-ospf-1-area-0.0.0.0]network 100.1.1.0 0.0.0.255
```

② 配置 ISP2。

```
[ISP2]ospf 1
[ISP2-ospf-1]area 0.0.0.0
[ISP2-ospf-1-area-0.0.0.0]network 100.1.1.0 0.0.0.255
[ISP2-ospf-1-area-0.0.0.0]network 100.100.100.100 0.0.0.0
```

③ 配置 ISP3。

```
[ISP3]ospf 1
[ISP3-ospf-1]silent-interface GigabitEthernet0/0/1
[ISP3-ospf-1]area 0.0.0.0
[ISP3-ospf-1-area-0.0.0.0]network 68.1.1.0 0.0.0.255
[ISP3-ospf-1-area-0.0.0.0]network 100.1.1.0 0.0.0.255
```

（2）配置 CE1 和 CE3、CE2 和 CE3 的 GRE 隧道。

① 配置 CE1。

```
[CE1]ip route-static 0.0.0.0 0 64.1.1.1//配置公网路由
[CE1]interface Tunnel0/0/0
[CE1-Tunnel0/0/0]ip address 192.168.1.1 255.255.255.0
[CE1-Tunnel0/0/0]tunnel-protocol gre
[CE1-Tunnel0/0/0]source 64.1.1.2
[CE1-Tunnel0/0/0]destination 68.1.1.2
```

② 配置 CE2。

```
[CE2]ip route-static 0.0.0.0 0 65.1.1.1
[CE2]interface Tunnel0/0/1
[CE2-Tunnel0/0/1]ip address 192.168.2.1 255.255.255.0
[CE2-Tunnel0/0/1]tunnel-protocol gre
[CE2-Tunnel0/0/1]source 65.1.1.2
[CE2-Tunnel0/0/1]destination 68.1.1.2
```

③ 配置 CE3。

```
[CE3]ip route-static 0.0.0.0 0 68.1.1.1
[CE3]interface Tunnel0/0/0
[CE3-Tunnel0/0/0]ip address 192.168.1.2 255.255.255.0
[CE3-Tunnel0/0/0]tunnel-protocol gre
[CE3-Tunnel0/0/0]source 68.1.1.2
[CE3-Tunnel0/0/0]destination 64.1.1.2
[CE3]interface Tunnel0/0/1
[CE3-Tunnel0/0/1]ip address 192.168.2.2 255.255.255.0
[CE3-Tunnel0/0/1]tunnel-protocol gre
[CE3-Tunnel0/0/1]source 68.1.1.2
[CE3-Tunnel0/0/1]destination 65.1.1.2
```

（3）配置企业网内部的 OSPF，通过 GRE 隧道实现总公司和分公司的 OSPF 邻居关系建立。

① 配置 CE1。

```
[CE1]ospf 1
[CE1-ospf-1]area 0.0.0.0
[CE1-ospf-1-area-0.0.0.0]network 10.0.11.0 0.0.0.255
[CE1-ospf-1-area-0.0.0.0]network 192.168.1.0 0.0.0.255
```

② 配置 CE2。

```
[CE2]ospf 1
[CE2-ospf-1]area 0.0.0.0
[CE2-ospf-1-area-0.0.0.0]network 10.0.12.0 0.0.0.255
[CE2-ospf-1-area-0.0.0.0]network 192.168.2.0 0.0.0.255
```

③ 配置 CE3。

```
[CE3]ospf 1
[CE3-ospf-1]area 0.0.0.0
```

```
[CE3-ospf-1-area-0.0.0.0]network 10.0.37.0 0.0.0.255
[CE3-ospf-1-area-0.0.0.0]network 192.168.1.0 0.0.0.255
[CE3-ospf-1-area-0.0.0.0]network 192.168.2.0 0.0.0.255
```

④ 配置 FW1。

```
[FW1]Interface g0/0/0
//删除默认配置后，IP 地址也删除了，记得在接口配置 IP 地址
[FW1-GigabitEthernet0/0/0]undo  ip binding vpn-instance  default
[FW1]firewall zone untrust              //将连接 CE 的接口加入 untrust 区域
[FW1-zone-untrust]set priority 5
[FW1-zone-untrust]add interface GigabitEthernet0/0/0
[FW1-zone-untrust]add interface GigabitEthernet1/0/0
[FW1]ospf 1
[FW1-ospf-1]area 0.0.0.0
[FW1-ospf-1-area-0.0.0.0]network 10.0.11.0 0.0.0.255
[FW1-ospf-1-area-0.0.0.0]network 10.0.12.0 0.0.0.255
[FW1-ospf-1-area-0.0.0.0]network 10.0.100.0 0.0.0.255
[FW1-ospf-1-area-0.0.0.0]network 10.0.101.0 0.0.0.255
```

⑤ 配置 LSW1。

```
[LSW1]ospf 1
[LSW1-ospf-1]silent-interface vlanif10
[LSW1-ospf-1]silent-interface vlanif20
[LSW1-ospf-1]silent-interface vlanif30
[LSW1-ospf-1]silent-interface vlanif40
[LSW1-ospf-1]area 0.0.0.0
[LSW1-ospf-1-area-0.0.0.0]network 10.0.100.0 0.0.0.255
[LSW1-ospf-1-area-0.0.0.0]network 10.0.10.0 0.0.0.255
[LSW1-ospf-1-area-0.0.0.0]network 10.0.20.0 0.0.0.255
[LSW1-ospf-1-area-0.0.0.0]network 10.0.30.0 0.0.0.255
[LSW1-ospf-1-area-0.0.0.0]network 10.0.40.0 0.0.0.255
```

此处配置静默接口的目的是不让两台交换机之间建立 OSPF 的邻居关系。

⑥ 配置 LSW2。

```
[LSW2]ospf 1
[LSW2-ospf-1]silent-interface vlanif10
[LSW2-ospf-1]silent-interface vlanif20
[LSW2-ospf-1]silent-interface vlanif30
[LSW2-ospf-1]silent-interface vlanif40
[LSW2-ospf-1]area 0.0.0.0
[LSW2-ospf-1-area-0.0.0.0]network 10.0.101.0 0.0.0.255
[LSW2-ospf-1-area-0.0.0.0]network 10.0.10.0 0.0.0.255
[LSW2-ospf-1-area-0.0.0.0]network 10.0.20.0 0.0.0.255
[LSW2-ospf-1-area-0.0.0.0]network 10.0.30.0 0.0.0.255
[LSW2-ospf-1-area-0.0.0.0]network 10.0.40.0 0.0.0.255
```

⑦ 配置 LSW7。

```
[LSW7]ospf 1
```

```
[LSW7-ospf-1]area 0.0.0.0
[LSW7-ospf-1-area-0.0.0.0]network 10.0.37.0 0.0.0.255
[LSW7-ospf-1-area-0.0.0.0]network 10.0.50.0 0.0.0.255
[LSW7-ospf-1-area-0.0.0.0]network 10.0.60.0 0.0.0.255
```

查看终端网关的路由表，可知总公司和分公司已经通过 GRE VPN 学习到了各自的路由信息。

```
[LSW7]display  ip routing-table
Route Flags: R - relay, D - download to fib
-------------------------------------------------------------------------
Routing Tables: Public
            Destinations : 22      Routes : 22

Destination/Mask     Proto     Pre  Cost    Flags NextHop      Interface

      10.0.10.0/24   OSPF      10   1566    D     10.0.37.1    vlanif1
   10.0.10.254/32    OSPF      10   1566    D     10.0.37.1    vlanif1
      10.0.11.0/24   OSPF      10   1564    D     10.0.37.1    vlanif1
      10.0.12.0/24   OSPF      10   1565    D     10.0.37.1    vlanif1
      10.0.20.0/24   OSPF      10   1566    D     10.0.37.1    vlanif1
   10.0.20.254/32    OSPF      10   1566    D     10.0.37.1    vlanif1
      10.0.30.0/24   OSPF      10   1566    D     10.0.37.1    vlanif1
   10.0.30.254/32    OSPF      10   1566    D     10.0.37.1    vlanif1
      10.0.37.0/24   Direct    0    0       D     10.0.37.2    vlanif1
      10.0.37.2/32   Direct    0    0       D     127.0.0.1    vlanif1
      10.0.40.0/24   OSPF      10   1566    D     10.0.37.1    vlanif1
   10.0.40.254/32    OSPF      10   1566    D     10.0.37.1    vlanif1
      10.0.50.0/24   Direct    0    0       D     10.0.50.254  vlanif50
   10.0.50.254/32    Direct    0    0       D     127.0.0.1    vlanif50
      10.0.60.0/24   Direct    0    0       D     10.0.60.254  vlanif60
   10.0.60.254/32    Direct    0    0       D     127.0.0.1    vlanif60
     10.0.100.0/24   OSPF      10   1565    D     10.0.37.1    vlanif1
     10.0.101.0/24   OSPF      10   1565    D     10.0.37.1    vlanif1
      127.0.0.0/8    Direct    0    0       D     127.0.0.1    InLoopBack0
      127.0.0.1/32   Direct    0    0       D     127.0.0.1    InLoopBack0
    192.168.1.0/24   OSPF      10   1563    D     10.0.37.1    vlanif1
    192.168.2.0/24   OSPF      10   1563    D     10.0.37.1    vlanif1
[LSW1]display ip routing-table
Route Flags: R - relay, D - download to fib
-------------------------------------------------------------------------
Routing Tables: Public
            Destinations : 24      Routes : 24

Destination/Mask     Proto     Pre  Cost    Flags NextHop      Interface

      10.0.10.0/24   Direct    0    0       D     10.0.10.252  vlanif10
   10.0.10.252/32    Direct    0    0       D     127.0.0.1    vlanif10
```

```
      10.0.10.254/32    Direct   0    0        D   127.0.0.1       vlanif10
       10.0.11.0/24     OSPF     10   2        D   10.0.100.1      vlanif100
       10.0.12.0/24     OSPF     10   2        D   10.0.100.1      vlanif100
       10.0.20.0/24     Direct   0    0        D   10.0.20.252     vlanif20
      10.0.20.252/32    Direct   0    0        D   127.0.0.1       vlanif20
      10.0.20.254/32    Direct   0    0        D   127.0.0.1       vlanif20
       10.0.30.0/24     Direct   0    0        D   10.0.30.252     vlanif30
      10.0.30.252/32    Direct   0    0        D   127.0.0.1       vlanif30
      10.0.30.254/32    OSPF     10   3        D   10.0.100.1      vlanif100
       10.0.37.0/24     OSPF     10   1565     D   10.0.100.1      vlanif100
       10.0.40.0/24     Direct   0    0        D   10.0.40.252     vlanif40
      10.0.40.252/32    Direct   0    0        D   127.0.0.1       vlanif40
      10.0.40.254/32    OSPF     10   3        D   10.0.100.1      vlanif100
       10.0.50.0/24     OSPF     10   1566     D   10.0.100.1      vlanif100
       10.0.60.0/24     OSPF     10   1566     D   10.0.100.1      vlanif100
      10.0.100.0/24     Direct   0    0        D   10.0.100.2      vlanif100
      10.0.100.2/32     Direct   0    0        D   127.0.0.1       vlanif100
      10.0.101.0/24     OSPF     10   2        D   10.0.100.1      vlanif100
      127.0.0.0/8       Direct   0    0        D   127.0.0.1       InLoopBack0
      127.0.0.1/32      Direct   0    0        D   127.0.0.1       InLoopBack0
     192.168.1.0/24     OSPF     10   1564     D   10.0.100.1      vlanif100
     192.168.2.0/24     OSPF     10   3126     D   10.0.100.1      vlanif100
[LSW2]display ip routing-table
Route Flags: R - relay, D - download to fib
------------------------------------------------------------------------

Routing Tables: Public
        Destinations : 24      Routes : 24

Destination/Mask      Proto    Pre  Cost     Flags NextHop      Interface

      10.0.10.0/24     Direct   0    0        D   10.0.10.253     vlanif10
      10.0.10.253/32   Direct   0    0        D   127.0.0.1       vlanif10
      10.0.10.254/32   OSPF     10   3        D   10.0.101.1      vlanif101
       10.0.11.0/24    OSPF     10   2        D   10.0.101.1      vlanif101
       10.0.12.0/24    OSPF     10   2        D   10.0.101.1      vlanif101
       10.0.20.0/24    Direct   0    0        D   10.0.20.253     vlanif20
      10.0.20.253/32   Direct   0    0        D   127.0.0.1       vlanif20
      10.0.20.254/32   OSPF     10   3        D   10.0.101.1      vlanif101
       10.0.30.0/24    Direct   0    0        D   10.0.30.253     vlanif30
      10.0.30.253/32   Direct   0    0        D   127.0.0.1       vlanif30
      10.0.30.254/32   Direct   0    0        D   127.0.0.1       vlanif30
       10.0.37.0/24    OSPF     10   1565     D   10.0.101.1      vlanif101
       10.0.40.0/24    Direct   0    0        D   10.0.40.253     vlanif40
      10.0.40.253/32   Direct   0    0        D   127.0.0.1       vlanif40
      10.0.40.254/32   Direct   0    0        D   127.0.0.1       vlanif40
       10.0.50.0/24    OSPF     10   1566     D   10.0.101.1      vlanif101
       10.0.60.0/24    OSPF     10   1566     D   10.0.101.1      vlanif101
```

```
   10.0.100.0/24    OSPF    10   2        D   10.0.101.1        vlanif101
   10.0.101.0/24    Direct  0    0        D   10.0.101.2        vlanif101
   10.0.101.2/32    Direct  0    0        D   127.0.0.1         vlanif101
    127.0.0.0/8     Direct  0    0        D   127.0.0.1         InLoopBack0
    127.0.0.1/32    Direct  0    0        D   127.0.0.1         InLoopBack0
  192.168.1.0/24    OSPF    10   1564     D   10.0.101.1        vlanif101
  192.168.2.0/24    OSPF    10   3126     D   10.0.101.1        vlanif101
```

此时再查看总公司的 PC 的 IP 地址获取情况。STA1 和 STA2 的 IP 地址如图 18-4 和图 18-5 所示，WLAN 的网段随机分配，可能两台 PC 都获取相同 VLAN 的 IP，属于正常情况。PC1 和 PC2 的 IP 地址如图 18-6 和图 18-7 所示。

```
STA>ipconfig

Link local IPv6 address...........: ::
IPv6 address......................: :: / 128
IPv6 gateway......................: ::
IPv4 address......................: 10.0.20.97
Subnet mask.......................: 255.255.255.0
Gateway...........................: 10.0.20.254
Physical address..................: 54-89-98-DF-34-E7
DNS server
```

图 18-4　STA1 的 IP 地址

```
STA>ipconfig

Link local IPv6 address...........: ::
IPv6 address......................: :: / 128
IPv6 gateway......................: ::
IPv4 address......................: 10.0.20.38
Subnet mask.......................: 255.255.255.0
Gateway...........................: 10.0.20.254
Physical address..................: 54-89-98-90-32-5A
DNS server........................:
```

图 18-5　STA2 的 IP 地址

```
PC>ipconfig

Link local IPv6 address...........: fe80::5689:98ff:fe4b:1036
IPv6 address......................: :: / 128
IPv6 gateway......................: ::
IPv4 address......................: 10.0.30.29
Subnet mask.......................: 255.255.255.0
Gateway...........................: 10.0.30.254
Physical address..................: 54-89-98-4B-10-36
DNS server........................:
```

图 18-6　PC1 的 IP 地址

```
PC>ipconfig

Link local IPv6 address...........: fe80::5689:98ff:feaa:5c29
IPv6 address......................: :: / 128
IPv6 gateway......................: ::
IPv4 address......................: 10.0.40.8
Subnet mask.......................: 255.255.255.0
Gateway...........................: 10.0.40.254
Physical address..................: 54-89-98-AA-5C-29
DNS server........................:
```

图 18-7　PC2 的 IP 地址

4）配置 MPLS VPN，PE 和 CE 之间运行 BGP 协议

（1）配置 MPLS VPN 广域网的 ISIS 协议。

PE1 的配置：PE1 的 loopback0 ip 地址为 1.1.1.1/32。

```
[PE1]isis 1
[PE1-isis-1]is-level level-2
[PE1-isis-1]network-entity 49.0001.0000.0000.0001.00
[PE1-isis-1]frr    //开启 FRR 实现快速收敛
[PE1-isis-1]loop-free-alternate
[PE1]interface ge0/0/2
[PE1-GigabitEthernet0/0/2]isis enable
[PE1]interface ge4/0/0
[PE1-GigabitEthernet4/0/0]isis enable
[PE1]interface loopback0
[PE1- LoopBack0]isis enable
```

P 的配置：PE1 的 loopback0 ip 地址为 2.2.2.2/32。

```
isis 1
 is-level level-2
 network-entity 49.0001.0000.0000.0002.00
interface ge0/0/0
isis enable
interface ge0/0/2
isis enable
interface ge0/0/1
isis enable
interface lo0
isis enable
```

PE2 的配置：PE1 的 loopback0 ip 地址为 3.3.3.3/32。

```
isis 1
 is-level level-2
 network-entity 49.0001.0000.0000.0003.00
frr    //开启 FRR 实现快速收敛
loop-free-alternate
interface ge0/0/0
isis enable
interface ge0/0/2
isis enable
interface lo0
isis enable
```

RR 的配置：PE1 的 loopback0 ip 地址为 4.4.4.4/32。

```
[RR]isis 1
[RR-isis-1]is-level level-2
[RR-isis-1]network-entity 49.0001.0000.0000.0004.00
[RR]interface ge0/0/0
[RR-GigabitEthernet0/0/0]isis enable
[RR]interface ge0/0/1
[RR-GigabitEthernet0/0/1]isis enable
[RR]interface ge0/0/2
[RR-GigabitEthernet0/0/2]isis enable
```

```
[RR]interface  LoopBack0
[RR-LoopBack0]isis enable
```

（2）配置 MPLS 及 MPLS LDP。

① 配置 PE1 的 MPLS 及 MPLS LDP。

```
[PE1]mpls lsr-id 1.1.1.1
[PE1]mpls
Info: Mpls starting, please wait... OK!
[PE1-mpls]mpls ldp
[PE1]interface ge0/0/2
[PE1-GigabitEthernet0/0/2]mpls
[PE1-GigabitEthernet0/0/2]mpls ldp
[PE1]interface ge4/0/0
[PE1-GigabitEthernet4/0/0]mpls
[PE1-GigabitEthernet4/0/0]mpls ldp
```

② 配置 P 的 MPLS 及 MPLS LDP。

```
[P]mpls lsr-id 2.2.2.2
[P]mpls
Info: Mpls starting, please wait... OK!
[P-mpls]mpls ldp
[P]interface ge0/0/0
[P-GigabitEthernet0/0/0]mpls
[P-GigabitEthernet0/0/0]mpls ldp
[P]interface ge0/0/1
[P-GigabitEthernet0/0/1]mpls
[P-GigabitEthernet0/0/1]mpls ldp
[P]interface ge0/0/2
[P-GigabitEthernet0/0/2]mpls
[P-GigabitEthernet0/0/2]mpls ldp
```

③ 配置 PE2 的 MPLS 及 MPLS LDP。

```
[PE2]mpls lsr-id 3.3.3.3
[PE2]mpls
Info: Mpls starting, please wait... OK!
[PE2-mpls]mpls ldp
[PE2]interface ge0/0/0
[PE2-GigabitEthernet0/0/0]mpls
[PE2-GigabitEthernet0/0/0]mpls ldp
[PE2]interface ge0/0/2
[PE2-GigabitEthernet0/0/2]mpls
[PE2-GigabitEthernet0/0/2]mpls ldp
```

④ 配置 RR 的 MPLS 及 MPLS LDP。

```
[RR]mpls lsr-id 4.4.4.4
[RR]mpls
Info: Mpls starting, please wait... OK!
[RR-mpls]mpls ldp
```

```
[RR]interface ge0/0/0
[RR-GigabitEthernet0/0/0]mpls
[RR-GigabitEthernet0/0/0]mpls ldp
[RR]interface ge0/0/1
[RR-GigabitEthernet0/0/1]mpls
[RR-GigabitEthernet0/0/1]mpls ldp
[RR]interface ge0/0/2
[RR-GigabitEthernet0/0/2]mpls
[RR-GigabitEthernet0/0/2]mpls ldp
```

查看 LDP 隧道的建立情况。

```
[PE1]display mpls lsp
-----------------------------------------------------------------------
                  LSP Information: LDP LSP
-----------------------------------------------------------------------
FEC               In/Out Label  In/Out IF              Vrf Name
1.1.1.1/32           3/NUL         -/-
2.2.2.2/32           NUL/3         -/GE0/0/2
2.2.2.2/32           1024/3        -/GE0/0/2
4.4.4.4/32           NUL/3         -/GE4/0/0
4.4.4.4/32           1025/3        -/GE4/0/0
3.3.3.3/32           NUL/1026      -/GE4/0/0
3.3.3.3/32           1026/1026     -/GE4/0/0
3.3.3.3/32           NUL/1026      -/GE0/0/2
3.3.3.3/32           1026/1026     -/GE0/0/2
```

（3）配置 MPLS VPN。

配置 VPN 实例，并将接口加入实例。

① 配置 PE1。

```
[PE1]ip vpn-instance A
[PE1-vpn-instance-A]ipv4-family
[PE1-vpn-instance-A]route-distinguisher 100:1
[PE1-vpn-instance-A]vpn-target 1:1 export-extcommunity
[PE1-vpn-instance-A]vpn-target 1:1 import-extcommunity
[PE1]interface GigabitEthernet0/0/0
[PE1-GigabitEthernet0/0/0]ip binding vpn-instance A
[PE1-GigabitEthernet0/0/0]ip address 66.1.1.1 255.255.255.0
[PE1]interface GigabitEthernet0/0/1
[PE1-GigabitEthernet0/0/1]ip binding vpn-instance A
[PE1-GigabitEthernet0/0/1]ip address 67.1.1.1 255.255.255.
```

② 配置 PE2。

```
[PE2]ip vpn-instance A
[PE2-vpn-instance-A]ipv4-family
[PE2-vpn-instance-A]route-distinguisher 100:2
[PE2-vpn-instance-A]vpn-target 1:1 export-extcommunity
[PE2-vpn-instance-A]vpn-target 1:1 import-extcommunity
```

```
[PE2]interface GigabitEthernet0/0/1
[PE2-GigabitEthernet0/0/1]ip binding vpn-instance A
[PE2-GigabitEthernet0/0/1]ip address 69.1.1.1 255.255.255.0
```

（4）配置 PE 和 CE 之间的 BGP 协议。

① 配置 PE1。

```
[PE1]bgp 100
[PE1-bgp]ipv4-family vpn-instance A
[PE1-bgp-A]peer 66.1.1.2 as-number 200
[PE1-bgp-A]peer 67.1.1.2 as-number 200
```

② 配置 CE1。

```
[CE1]bgp 200
[CE1-bgp]peer 66.1.1.1 as-number 100
[CE1-bgp]import-route ospf 1  //引入私网路由
```

③ 配置 CE2。

```
[CE2]bgp 200
[CE2-bgp]peer 67.1.1.1 as-number 100
[CE2-bgp]import-route ospf 1
```

④ 配置 PE2。

```
[PE2]bgp 100
[PE2-bgp]ipv4-family vpn-instance A
[PE2-bgp-A]peer 69.1.1.2 as-number 300
```

⑤ 配置 CE3。

```
[CE3]bgp 300
[CE3-bgp]peer 69.1.1.1 as-number 100
[CE3-bgp]import-route ospf 1
```

（5）配置 PE 和 RR 的 MP-BGP 邻居关系。

① 配置 PE1。

```
[PE1]bgp 100
[PE1-bgp]peer 4.4.4.4 as-number 100
[PE1-bgp]peer 4.4.4.4 connect-interface LoopBack0
[PE1-bgp]ipv4-family vpnv4
[PE1-bgp-af-vpnv4]peer 4.4.4.4 enable
```

② 配置 PE2。

```
[PE2]bgp 100
[PE2-bgp]peer 4.4.4.4 as-number 100
[PE2-bgp]peer 4.4.4.4 connect-interface LoopBack0
[PE2-bgp]ipv4-family vpnv4
[PE2-bgp-af-vpnv4]peer 4.4.4.4 enable
```

③ 配置 RR。

```
[RR]bgp 100
[RR-bgp]peer 1.1.1.1 as-number 100
```

```
[RR-bgp]peer 1.1.1.1 connect-interface LoopBack0
[RR-bgp]peer 3.3.3.3 as-number 100
[RR-bgp]peer 3.3.3.3 connect-interface LoopBack0
[RR-bgp]ipv4-family vpnv4
[RR-bgp-af-vpnv4]undo policy vpn-target
//由于 RR 没有配置 vpn 实例，无 RT 值，因此需要关闭 RT 检测，从而接收 vpnv4 路由
[RR-bgp-af-vpnv4]peer 1.1.1.1 enable
[RR-bgp-af-vpnv4]peer 1.1.1.1 reflect-client
[RR-bgp-af-vpnv4]peer 3.3.3.3 enable
[RR-bgp-af-vpnv4]peer 3.3.3.3 reflect-client
```

查看 CE1 的路由可以发现，CE1 将 10.0.50.0/24、10.0.60.0/24 的路由引入 BGP 中，并且发布给了对端的 CE 设备。此路由是由 GRE 建立的 OSPF 邻居学习到的，如果再次引入 BGP 中发布给对端 CE，会有环路风险，或者无法通过 BGP 学习到对端路由。因此，需要将对端站点通过 OSPF 发布过来的业务网段路由引入时进行路由过滤。

```
[CE1]display bgp  routing-table

BGP Local router ID is 64.1.1.2
Status codes: * - valid, > - best, d - damped,
              h - history, i - internal, s - suppressed, S - Stale
              Origin : i - IGP, e - EGP, ? - incomplete


Total Number of Routes: 17
     Network          NextHop        MED        LocPrf    PrefVal Path/Ogn

 *>  10.0.10.0/24     0.0.0.0        3          0         ?
 *>  10.0.10.254/32   0.0.0.0        3          0         ?
 *>  10.0.11.0/24     0.0.0.0        0          0         ?
 *>  10.0.12.0/24     0.0.0.0        2          0         ?
 *>  10.0.20.0/24     0.0.0.0        3          0         ?
 *>  10.0.20.254/32   0.0.0.0        3          0         ?
 *>  10.0.30.0/24     0.0.0.0        3          0         ?
 *>  10.0.30.254/32   0.0.0.0        3          0         ?
 *>  10.0.37.0/24     0.0.0.0        1563       0         ?
 *>  10.0.40.0/24     0.0.0.0        3          0         ?
 *>  10.0.40.254/32   0.0.0.0        3          0         ?
 *>  10.0.50.0/24     0.0.0.0        1564       0         ?
 *>  10.0.60.0/24     0.0.0.0        1564       0         ?
 *>  10.0.100.0/24    0.0.0.0        2          0         ?
 *>  10.0.101.0/24    0.0.0.0        2          0         ?
 *>  192.168.1.0      0.0.0.0        0          0         ?
 *>  192.168.2.0      0.0.0.0        3124       0         ?
```

（6）过滤路由，将对端站点的路由在进行 BGP 引入时进行过滤。

① 配置 CE1。

```
[CE1]acl number 2000
[CE1-acl-basic-2000]rule 5 permit source 10.0.50.0 0.0.0.255
[CE1-acl-basic-2000]rule 10 permit source 10.0.60.0 0.0.0.255
[CE1]route-policy ospf_bgp deny node 10
[CE1-route-policy]if-match acl 2000
[CE1]route-policy ospf_bgp permit node 20
[CE1]bgp 200
[CE-bgp-200]import-route  ospf 1 route-policy ospf_bgp
```

② 配置 CE2。

```
[CE2]acl number 2000
[CE2-acl-basic-2000]rule 5 permit source 10.0.50.0 0.0.0.255
[CE2-acl-basic-2000]rule 10 permit source 10.0.60.0 0.0.0.255
[CE2]route-policy ospf_bgp deny node 10
[CE2-route-policy]if-match acl 2000
[CE2]route-policy ospf_bgp permit node 20
[CE2]bgp 200
[CE2-bgp-200]import-route  ospf 1 route-policy ospf_bgp
```

③ 配置 CE3。

```
[CE3]acl number 2000
[CE3-acl-basic-2000]rule 5 permit source 10.0.10.0 0.0.0.255
[CE3-acl-basic-2000]rule 10 permit source 10.0.20.0 0.0.0.255
[CE3-acl-basic-2000]rule 15 permit source 10.0.30.0 0.0.0.255
[CE3-acl-basic-2000]rule 20 permit source 10.0.40.0 0.0.0.255
[CE3]route-policy ospf_bgp deny node 10
[CE3-route-policy]if-match acl 2000
[CE3]route-policy ospf_bgp permit node 20
[CE3]bgp 300
[CE3-bgp-300]import-route  ospf 1 route-policy  ospf_bgp
```

查看 CE1 的路由表可以看到，10.0.50.0/24，10.0.60.0/24 的 BGP 路由是通过对端站点学习到的。

```
[CE1]display bgp routing-table

BGP Local router ID is 64.1.1.2
Status codes: * - valid, > - best, d - damped,
              h - history, i - internal, s - suppressed, S - Stale
              Origin : i - IGP, e - EGP, ? - incomplete


Total Number of Routes: 17
     Network          NextHop       MED      LocPrf    PrefVal Path/Ogn

 *>  10.0.10.0/24     0.0.0.0       3           0      ?
 *>  10.0.10.254/32   0.0.0.0       3           0      ?
 *>  10.0.11.0/24     0.0.0.0       0           0      ?
 *>  10.0.12.0/24     0.0.0.0       2           0      ?
```

```
*>   10.0.20.0/24          0.0.0.0           3          0      ?
*>   10.0.20.254/32        0.0.0.0           3          0      ?
*>   10.0.30.0/24          0.0.0.0           3          0      ?
*>   10.0.30.254/32        0.0.0.0           3          0      ?
*>   10.0.37.0/24          0.0.0.0           1563       0      ?
*>   10.0.40.0/24          0.0.0.0           3          0      ?
*>   10.0.40.254/32        0.0.0.0           3          0      ?
*>   10.0.50.0/24          66.1.1.1                     0      100 300?
*>   10.0.60.0/24          66.1.1.1                     0      100 300?
*>   10.0.100.0/24         0.0.0.0           2          0      ?
*>   10.0.101.0/24         0.0.0.0           2          0      ?
*>   192.168.1.0           0.0.0.0           0          0      ?
*>   192.168.2.0           0.0.0.0           3124       0      ?
```

此时查看 CE 的路由表可以发现, 去往对端站点的路由是通过 GRE 隧道通信的, 需要通过调整 BGP 的优先级来实现优选 MPLS VPN 专线。

```
[CE1]display ip routing-table
Route Flags: R - relay, D - download to fib
------------------------------------------------------------------------
Routing Tables: Public
         Destinations : 32      Routes : 32

Destination/Mask    Proto   Pre  Cost  Flags NextHop      Interface

       0.0.0.0/0    Static  60   0     RD    64.1.1.1     GigabitEthernet0/0/0
    10.0.10.0/24    OSPF    10   3     D     10.0.11.2    GigabitEthernet0/0/2
  10.0.10.254/32    OSPF    10   3     D     10.0.11.2    GigabitEthernet0/0/2
    10.0.11.0/24    Direct  0    0     D     10.0.11.1    GigabitEthernet0/0/2
    10.0.11.1/32    Direct  0    0     D     127.0.0.1    GigabitEthernet0/0/2
  10.0.11.255/32    Direct  0    0     D     127.0.0.1    GigabitEthernet0/0/2
    10.0.12.0/24    OSPF    10   2     D     10.0.11.2    GigabitEthernet0/0/2
    10.0.20.0/24    OSPF    10   3     D     10.0.11.2    GigabitEthernet0/0/2
  10.0.20.254/32    OSPF    10   3     D     10.0.11.2    GigabitEthernet0/0/2
    10.0.30.0/24    OSPF    10   3     D     10.0.11.2    GigabitEthernet0/0/2
  10.0.30.254/32    OSPF    10   3     D     10.0.11.2    GigabitEthernet0/0/2
    10.0.37.0/24    OSPF    10   1563  D     192.168.1.2  Tunnel0/0/0
    10.0.40.0/24    OSPF    10   3     D     10.0.11.2    GigabitEthernet0/0/2
  10.0.40.254/32    OSPF    10   3     D     10.0.11.2    GigabitEthernet0/0/2
    10.0.50.0/24    OSPF    10   1564  D     192.168.1.2  Tunnel0/0/0
    10.0.60.0/24    OSPF    10   1564  D     192.168.1.2  Tunnel0/0/0
   10.0.100.0/24    OSPF    10   2     D     10.0.11.2    GigabitEthernet0/0/2
   10.0.101.0/24    OSPF    10   2     D     10.0.11.2    GigabitEthernet0/0/2
    64.1.1.0/24     Direct  0    0     D     64.1.1.2     GigabitEthernet0/0/0
    64.1.1.2/32     Direct  0    0     D     127.0.0.1    GigabitEthernet0/0/0
  64.1.1.255/32     Direct  0    0     D     127.0.0.1    GigabitEthernet0/0/0
    66.1.1.0/24     Direct  0    0     D     66.1.1.2     GigabitEthernet0/0/1
    66.1.1.2/32     Direct  0    0     D     127.0.0.1    GigabitEthernet0/0/1
```

```
      66.1.1.255/32 Direct  0    0      D  127.0.0.1    GigabitEthernet0/0/1
      127.0.0.0/8   Direct  0    0      D  127.0.0.1    InLoopBack0
      127.0.0.1/32  Direct  0    0      D  127.0.0.1    InLoopBack0
127.255.255.255/32 Direct  0    0      D  127.0.0.1    InLoopBack0
     192.168.1.0/24 Direct  0    0      D  192.168.1.1  Tunnel0/0/0
     192.168.1.1/32 Direct  0    0      D  127.0.0.1    Tunnel0/0/0
   192.168.1.255/32 Direct  0    0      D  127.0.0.1    Tunnel0/0/0
     192.168.2.0/24 OSPF    10   3124   D  192.168.1.2  Tunnel0/0/0
255.255.255.255/32 Direct  0    0      D  127.0.0.1    InLoopBack0
```

5）配置 CE 的 BGP 的优先级

配置 CE 的 BGP 的优先级，实现优选 MPLS VPN 专线。

① 配置 CE1。

```
[CE1]bgp 200
[CE1-bgp-200]preference  7 255 255 //配置 BGP 的优先级为 7，小于 OSPF 的 10 即可
```

② 配置 CE2。

```
[CE2]bgp 200
[CE2-bgp-200]preference  7 255 255
```

③ 配置 CE3。

```
[CE3]bgp 200
[CE3-bgp-200]preference  7 255 255
```

查看 CE 的路由表可以发现，CE 设备去往对端站点的路由都是通过 BGP 学习到的，表明优选的是 MPLS VPN 专线。

```
[CE1]display ip routing-table protocol  bgp
Route Flags: R - relay, D - download to fib
------------------------------------------------------------------------
Public routing table : BGP
        Destinations : 2      Routes : 2

BGP routing table status : <Active>
        Destinations : 2      Routes : 2

Destination/Mask   Proto  Pre  Cost  Flags NextHop    Interface

   10.0.50.0/24    EBGP   7    0     D     66.1.1.1   GigabitEthernet0/0/1
   10.0.60.0/24    EBGP   7    0     D     66.1.1.1   GigabitEthernet0/0/1

BGP routing table status : <Inactive>
        Destinations : 0      Routes : 0
[CE2]display ip routing-table  protocol  bgp
Route Flags: R - relay, D - download to fib
------------------------------------------------------------------------
Public routing table : BGP
        Destinations : 2      Routes : 2
```

```
BGP routing table status : <Active>
        Destinations : 2        Routes : 2

Destination/Mask  Proto  Pre  Cost    Flags NextHop   Interface

    10.0.50.0/24 EBGP   7    0       D     67.1.1.1 GigabitEthernet0/0/1
    10.0.60.0/24 EBGP   7    0       D     67.1.1.1 GigabitEthernet0/0/1

BGP routing table status : <Inactive>
        Destinations : 0        Routes : 0
[CE3]display ip routing-table protocol bgp
Route Flags: R - relay, D - download to fib
-------------------------------------------------------------------------
Public routing table : BGP
        Destinations : 8        Routes : 8

BGP routing table status : <Active>
        Destinations : 8        Routes : 8

Destination/Mask   Proto Pre Cost    Flags NextHop    Interface

    10.0.10.0/24   EBGP  7   0       D     69.1.1.1   GigabitEthernet0/0/1
    10.0.10.254/32 EBGP  7   0       D     69.1.1.1   GigabitEthernet0/0/1
    10.0.20.0/24   EBGP  7   0       D     69.1.1.1   GigabitEthernet0/0/1
    10.0.20.254/32 EBGP  7   0       D     69.1.1.1   GigabitEthernet0/0/1
    10.0.30.0/24   EBGP  7   0       D     69.1.1.1   GigabitEthernet0/0/1
    10.0.30.254/32 EBGP  7   0       D     69.1.1.1   GigabitEthernet0/0/1
    10.0.40.0/24   EBGP  7   0       D     69.1.1.1   GigabitEthernet0/0/1
    10.0.40.254/32 EBGP  7   0       D     69.1.1.1   GigabitEthernet0/0/1

BGP routing table status : <Inactive>
        Destinations : 0        Routes : 0
```

6）在防火墙上放行业务流量

FW1：创建地址集（即业务 vlan 的 ip 网段）

```
[FW1]ip address-set joinlabs type object
[FW1-object-address-set-joinlabs]address 0 10.0.10.0 mask 24
[FW1-object-address-set-joinlabs]address 1 10.0.20.0 mask 24
[FW1-object-address-set-joinlabs]address 2 10.0.30.0 mask 24
[FW1-object-address-set-joinlabs]address 3 10.0.40.0 mask 24
[FW1-object-address-set-joinlabs]address 4 10.0.50.0 mask 24
[FW1-object-address-set-joinlabs]address 5 10.0.60.0 mask 24

[FW1]security-policy
[fw2-policy-security]rule name trust_untrust
[fw2-policy-security-rule-trust-untrust]source-zone trust
```

```
[fw2-policy-security-rule-trust-untrust]source-zone untrust
[fw2-policy-security-rule-trust-untrust]destination-zone trust
[fw2-policy-security-rule-trust-untrust]destination-zone untrust
[fw2-policy-security-rule-trust-untrust]source-address address-set joinlabs
//调用地址集
[fw2-policy-security-rule-trust-untrust]action permit
```

实现总公司和分公司可以互相访问。

测试：PC1 访问 PC3，结果如图 18-8 所示，可知互访流量经过 MPLS VPN。

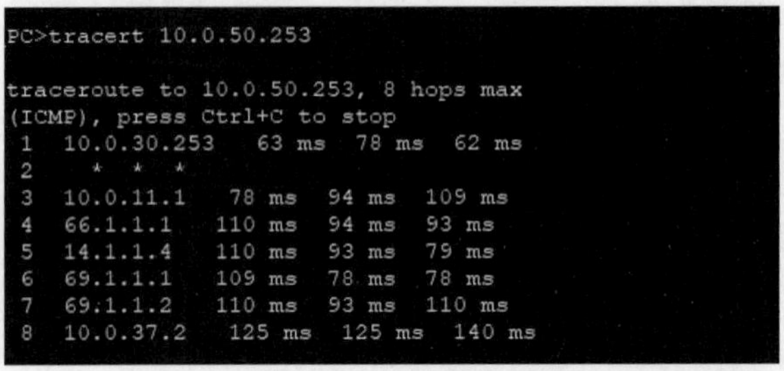

```
PC>tracert 10.0.50.253

traceroute to 10.0.50.253, 8 hops max
(ICMP), press Ctrl+C to stop
1  10.0.30.253   63 ms   78 ms   62 ms
2    *    *    *
3  10.0.11.1   78 ms   94 ms   109 ms
4  66.1.1.1   110 ms   94 ms   93 ms
5  14.1.1.4   110 ms   93 ms   79 ms
6  69.1.1.1   109 ms   78 ms   78 ms
7  69.1.1.2   110 ms   93 ms   110 ms
8  10.0.37.2   125 ms   125 ms   140 ms
```

图 18-8　PC1 访问 PC3

其他 PC 互访请读者自行测试。

7）配置 NAT

配置 NAT，实现公司内部可以访问外部网络。

① 配置 CE1。

```
[CE1]acl 2001
[CE1-acl-basic-2001] rule permit source any
[CE1]interface GigabitEthernet0/0/0
[CE1-GigabitEthernet0/0/0]nat outbound 2001
[CE1]ospf
[CE1-ospf-1]default-route-advertise  //下发默认路由
```

② 配置 CE2。

```
[CE2]acl 2001
[CE2-acl-basic-2001] rule permit source any
[CE2]interface GigabitEthernet0/0/0
[CE2-GigabitEthernet0/0/0]nat outbound 2001
[CE2]ospf
[CE2-ospf-1]default-route-advertise
```

③ 配置 CE3。

```
[CE3]acl 2001
[CE3-acl-basic-2001] rule permit source any
[CE3]interface GigabitEthernet0/0/0
[CE3-GigabitEthernet0/0/0]nat outbound 2001
[CE3]ospf
[CE3-ospf-1]default-route-advertise
```

测试：PC1 访问外网，结果如图 18-9 所示。

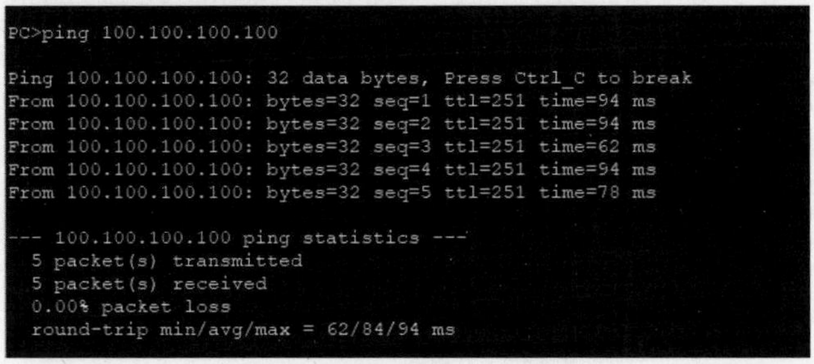

```
PC>ping 100.100.100.100

Ping 100.100.100.100: 32 data bytes, Press Ctrl_C to break
From 100.100.100.100: bytes=32 seq=1 ttl=251 time=94 ms
From 100.100.100.100: bytes=32 seq=2 ttl=251 time=94 ms
From 100.100.100.100: bytes=32 seq=3 ttl=251 time=62 ms
From 100.100.100.100: bytes=32 seq=4 ttl=251 time=94 ms
From 100.100.100.100: bytes=32 seq=5 ttl=251 time=78 ms

--- 100.100.100.100 ping statistics ---
  5 packet(s) transmitted
  5 packet(s) received
  0.00% packet loss
  round-trip min/avg/max = 62/84/94 ms
```

图 18-9　PC1 访问外网